国家科学技术学术著作出版基金资助出版

现代应用物理学丛书

柔性电子材料与器件

李润伟　刘　钢　编著

科学出版社

北　京

内 容 简 介

　　本书简要介绍柔性电子器件出现的背景、应用领域、基本结构和核心硬件技术，系统阐述柔性电路、应力传感器、环境传感器、光探测器、磁场传感器和存储器、阻变存储器、发光器件、晶体管以及吸波器件的基本工作原理、器件结构、材料选择与制备方法以及在柔性化应用中所遇到的机遇和挑战等，详细介绍相关领域国内外的最新研究进展，并以电子皮肤为牵引探讨柔性电子材料与器件未来的发展趋势。

　　本书适合柔性电子材料与器件相关领域的研究人员、工程师及相关专业人员阅读，可以向读者提供广泛的知识交叉和技术交叉信息，启发和促进各自专业知识学习和技术研发；也可作为大专院校相关专业师生的自学和教学参考用书。

图书在版编目(CIP)数据

柔性电子材料与器件/李润伟，刘钢编著. ——北京: 科学出版社，2019. 1
（现代应用物理学丛书）
ISBN 978-7-03-059939-1

Ⅰ.①柔…　Ⅱ.①李…　②刘…　Ⅲ.①电子器件　Ⅳ.①TN

中国版本图书馆 CIP 数据核字 (2018) 第 275059 号

责任编辑: 钱　俊／责任校对: 杨　然
责任印制: 赵　博／封面设计: 陈　敬

科学出版社 出版
北京东黄城根北街 16 号
邮政编码: 100717
http://www.sciencep.com
北京中石油彩色印刷有限责任公司印刷
科学出版社发行　各地新华书店经销
*
2019 年 1 月第　一　版　　开本: 720×1000　1/16
2022 年 1 月第四次印刷　　印张: 13　1/2　插页: 2
字数: 258 000
定价: 98. 00 元
（如有印装质量问题，我社负责调换）

本 书 作 者

编　著: 李润伟　刘　钢

参　编: (按章节顺序)

胡　超 (第 1 章)

孙丹丹　李法利 (第 2 章)

刘宜伟　周酉林 (第 3 章)

伊晓辉　杨华礼　谢亚丽 (第 4 章)

檀洪伟　方清明 (第 5 章)

詹清峰　王保敏 (第 6 章)

尚　杰 (第 7 章)

陈　斌 (第 8 章)

潘　亮　卢　颖 (第 9 章)

满其奎　胡仁超 (第 10 章)

巫远招 (第 11 章)

前　言

　　柔性电子技术是一个相对较新的技术领域，是当今最有前景的信息技术之一，受到学术界和工业界的广泛关注。柔性电子技术需要在柔性衬底上实现从纳米特征、微观结构到宏观器件大面积集成等的跨尺度制造，其关键在于有机材料、金属材料、无机非金属材料以及纳米材料等机械、电学性能迥异的功能材料间界面的精确控制，涉及电子信息、材料、物理、化学甚至生物等多学科的交叉，亟待进一步研究和探索。本书从柔性电子器件的工作原理、材料选择、结构和电路设计、制备方法以及应用领域等方面进行系统阐述，力图全面展现柔性电子材料与器件的研究现状和最新进展。

　　本书共 11 章，其中第 1 章柔性电子器件概述由胡超撰写，第 2 章柔性导电材料与电路由孙丹丹和李法利撰写，第 3 章柔性应力敏感材料与应力传感器由刘宜伟和周酉林撰写，第 4 章柔性环境传感材料与传感器由伊晓辉、杨华礼和谢亚丽撰写，第 5 章柔性光敏感材料与光探测器由檀洪伟和方清明撰写，第 6 章柔性磁传感和存储材料与器件由詹清峰和王保敏撰写，第 7 章柔性阻变材料与阻变存储器由尚杰撰写，第 8 章柔性发光材料与器件由陈斌撰写，第 9 章柔性半导体材料与晶体管由潘亮和卢颖撰写，第 10 章柔性吸波材料与吸波器件由满其奎和胡仁超撰写，第 11 章电子皮肤由巫远招撰写。全书由李润伟、刘钢统稿，应华根、夏羽青参与编稿。

　　感谢各级各类人才政策的支持：中组部"万人计划"、科技部"中青年科技创新领军人才计划"、中国科学院"百人计划"、浙江省"千人计划"、浙江省"151"人才工程、宁波市"3315 人才计划"等。感谢各级各类科研计划的支持：科技部重点研发计划，国家自然科学基金委员会国家杰出青年科学基金项目、优秀青年科学基金项目、面上项目和青年科学基金项目，浙江省杰出青年科学基金项目，宁波市国际合作项目等。

　　感谢国家科学技术学术著作出版基金的资助。

　　希望在中国科学院宁波材料技术与工程研究所颇具特色的科研环境和人文环境中结集出版的本书，对读者们能有所裨益。由于著者水平和经验有限，书中难免存在不足之处，敬请读者批评指正。

李润伟　刘　钢

2018 年 5 月 30 日

目　　录

第1章　柔性电子器件概述

1.1　引　　言

20 世纪后半叶，计算机技术、通信技术和网络技术三大技术的迅猛发展，为网络传播的实现提供了必要的条件。互联网诞生至今，发展极为迅速，已然成为现代人类社会信息传播活动最重要的渠道和手段之一。从 1991 年开始，互联网的发展逐步走向商业化，在通信、检索和客户服务等方面吸引了越来越多的用户。进入 21 世纪以来，在互联网基础上将用户端延伸和扩展到了任何物品和物品之间，实现物物之间的信息交换和通信，又产生了物物相连的互联网，即物联网（internet of things，或 IoT）技术。物联网技术通过智能感知技术、识别技术与普适计算，广泛应用于互联网络的融合中，可建成一个随时、随地、任何物体以及任何人均可连接的泛在网络社会，从而实现物品与物品（thing to thing，T2T）、人与物品（human to thing，H2T）以及人与人（human to human，H2H）之间的智能化识别、定位、跟踪、监控和管理[1]。由于物联网具有实时性和交互性的特点，因此在智能家居、零售物流、交通管理、医疗教育、能源电力、安防反恐、城市管理、电子政府等领域具有十分广泛的应用前景，也被认为是继计算机、互联网之后世界信息产业发展的第三次浪潮，有望形成下一个万亿元规模的高科技市场。

互联网乃至物联网的发展，在很大程度上依赖于各种电子信息器件和集成电路（integrated circuit，IC）技术的快速进步。集成电路是通过半导体工艺将一定数量的电子元件如电阻、电容、电感、晶体管以及布线集成在一起，从而形成的具有某些特定功能的微型电子器件。由于集成电路中所有元件在结构上已形成一个整体，因而电子元件朝向微小型化、低功耗、智能化和高可靠化方面迈进了一大步。得益于半导体技术的飞速发展，硅基晶元上所能制作的晶体管最小特征尺寸不断降低、器件密度不断提高，集成电路技术在过去半个多世纪里获得了巨大的进步，并一直遵循摩尔定律（Moore's law）的预测，每 18~24 个月集成度提高 1 倍，从而带来电路性能如运算速度和计算能力的不断提高以及单位成本的持续降低（图 1.1）。但随着晶体管特征尺寸逐渐接近物理极限，严重的漏电、发热和功耗问题极大地动摇了半导体元件的稳定性和可靠性；同时，二维微缩工艺难度越来越大，微缩所带来的成本优势开始放缓，半导体工业可能在不远的将来放弃对摩尔定律的追逐[2-7]。

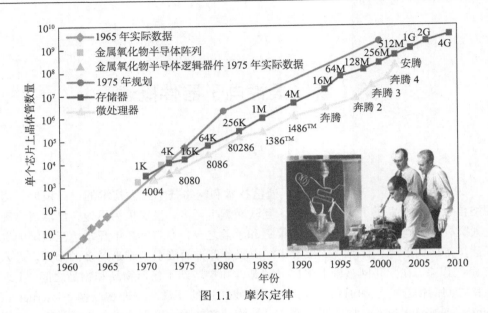

图 1.1　摩尔定律

　　为了进一步提高集成电路芯片的运算性能，工业界近年来从尺寸微缩的角度提出了延续摩尔（more Moore）定律的思路。例如，通过发展鳍式晶体管（FinFET）等新型器件结构进一步降低单元尺寸，来获得高速、高密度和低功耗的芯片，并且在 iPhone 7 所采用的 A10 处理器上得到了应用。另外，传统的半导体器件主要在刚性硅基衬底或平板玻璃上实现大规模集成，芯片形状固定并且坚硬耐用，有助于保护电子元器件在使用中不会轻易受到损坏。但刚性的衬底和电子元器件不可避免地制约了集成电路芯片的柔韧性、延展性乃至其功能的灵活性和应用范围。因而，从功能集成的角度，最近学术界又提出了超越摩尔（more than Moore）定律的思路，通过发展非硅电子器件、光电器件、磁电器件以及柔性电子（flexible electronics）器件技术[8]等方式实现半导体元件的功能化、多样化乃至个性化，以继续推进电子技术的快速发展（图 1.2）。其中，柔性可穿戴电子器件具有优异的形变能力、大面积制备的潜力以及在同一平面上实现多种信息功能集成的能力，可以进一步将集成电路的应用领域从信息处理拓展到生物传感和人机交互等方面，从而有望为人类生活带来革命性的变化。

　　一般来说，柔性电子也称印刷电子（printed electronics）、生物电子（bio-electronics）、有机电子（organic electronics）、塑料电子（plastic electronics）或纳米电子（nano electronic）等，是一类以塑料基板、金属薄板、玻璃薄板、橡胶基板等可弯曲或可延展的基板为衬底的新兴电子技术。通过将电子显示器、发光二极管（light emitting diode，LED）照明、射频识别（radio frequency identification，RFID）标签、薄膜太阳能电池板、可充电电池以及各类传感器和存储器等有源或无源的电子器件制作在柔性基板上。柔性电子不仅注重器件和电路芯片集成度和计算性能的提高，还可以以其独特的柔性和延展性保证电子产品在弯曲、卷曲、折叠、压缩、拉伸以及其他不规则形变情况下正常运行，在信息、能源、医疗以及国防等领域具有广泛的应用前景。随着互联网与物联网技术的发展与普及，人们对于生理监测、影像感测、语音控制、眼球追踪、手势辨别、动作感测、环境感知等功能器件的便携性、易用性和舒适性要求越来越高，柔性、可穿戴电子设备的概念及相关产品逐渐成为产业界和学术界的研究热点。

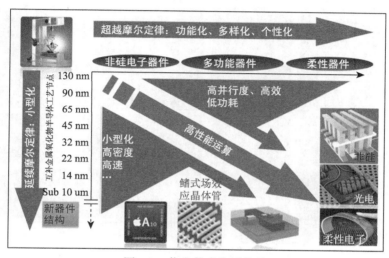

图 1.2　信息技术发展趋势

柔性电子是一个相对较新的技术领域。根据国际有机与印刷电子协会组织（Organic and Printed Electronics Association, OE-A）2015 年发布的第 6 版有机与印刷电子线路图，柔性电子主要包含了有机发光二极管（organic light emitting diode, OLED）照明、有机光伏、柔性与 OLED 显示、柔性电子与零部件（包括印刷内存、电池、有源器件与逻辑器件、无源器件）以及集成智能系统（包括智能物件、传感器与智能织物等）等多种尚未完全成熟的技术（图 1.3）。柔性电子器件普遍具有可弯折、易拉伸、共形性好、轻薄耐用、便携性高、可大面积制造等共性优点。由于大部分柔性电子技术均需要在柔性基板或衬底上实现从纳米特征、微观结构到宏观器件大面积集成等的跨尺度制造，因此有机材料、金属材料、无机非金属材料以及纳米材料等机械、电学性能迥异的功能材料间界面的精确控制已经成为制造柔性电子器件的关键，并涉及电子信息、材料、物理、化学甚至生物等多学科之间的交叉。

柔性电子的发展可追溯至 20 世纪 60 年代，主要以应用为驱动，并带动了柔性基板/衬底、功能材料、导电材料、封装材料等，以及转印（transfer printing）、凸版印刷（relief printing）、凹版印刷（gravure printing）、丝网印刷（screen printing）、纳米压印（nanoimprint）、喷墨打印（inkjet printing）和软刻蚀（soft lithography）等批次处理（batch processing）或卷到卷制造工艺（roll-to-roll manufacture）的快速进步。

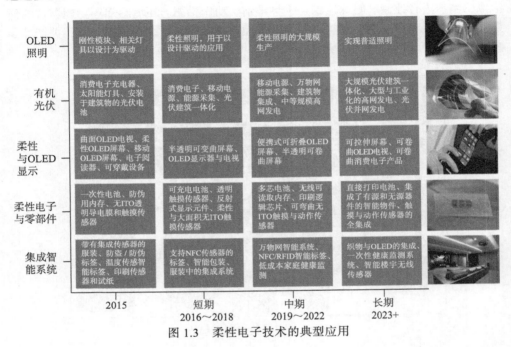

	2015	短期 2016～2018	中期 2019～2022	长期 2023+	
OLED 照明	刚性模块、相关灯具以设计为驱动	柔性照明，用于以设计驱动的应用	柔性照明的大规模生产	实现普适照明	
有机 光伏	消费电子充电器、太阳能灯具、安装在建筑物的光伏电池	消费电子、移动电源、能源采集、光伏建筑一体化	移动电源、万物网能源采集、建筑物集成、中等规模高网发电	大规模光伏建筑一体化、大型与工业化的高网发电、光伏并网发电	
柔性 与OLED 显示	曲面OLED电视、柔性OLED屏幕、移动OLED屏幕、电子阅读器、可穿戴设备	半透明可变曲屏幕、OLED显示器与电视	便携式可折叠OLED屏幕、半透明可卷曲屏幕	可拉伸屏幕、可卷曲OLED电视、可卷曲消费电子产品	
柔性电子 与零部件	一次性电池、防伪用内存、无ITO透明导电膜和触摸传感器	可充电电池、透明触摸传感器、反射式显示元件、柔性与大面积无ITO触摸传感器	多芯电池、无线可读取内存、印刷逻辑芯片、可弯曲无ITO触摸与动作传感器	直接打印电池、集成了有源与无源器件的智能物件、触摸与动作传感器的全集成	
集成智能系统	带有集成传感器的服装、防盗／防伪标签、温度传感智能标签、印刷传感器和试纸	支持NFC传感器的标签、智能包装、服装中的集成系统	万物网智能系统、NFC/RFID智能标签、低成本家庭健康监测	织物与OLED的集成、一次性健康监测系统、智能楼宇无线传感器	

图 1.3　柔性电子技术的典型应用

任何薄质的物体均具有天然的柔性。1967 年，英国皇家空军研究院的 Crabb 和 Treble 首次通过减薄单晶硅晶元的方式来提高太阳能电池的有效功率/重量比，并将其组装在塑料衬底上获得了世界上第一块用于星际卫星的厚度约为 100μm 的柔性太阳能电池阵列[9,10]。这一开创性的工作不仅表明任何薄质的物体均具有天然的柔性，更标志着柔性电子的出现。1973 年起，全球范围内爆发了严重的能源危机，进一步推动了薄膜太阳能电池的发展，以有效降低光伏发电的成本。1976 年，RCA 实验室的 Wronski 等利用低温制备技术在不锈钢薄板上制备了基于氢化非晶硅（hydrogenated amorphous silicon，即 α-Si:H）的 Pt/α-Si:H 肖特基势垒太阳能电池[11]。到 20 世纪 80 年代早期，Nath 和 Okaniwa 等又分别利用卷到卷（roll-to-roll）制备技术在柔性钢薄片和有机聚合物塑料衬底上制备了基于 α-Si:H 的柔性太阳能电池。同时，基于 CdS/Cu₂S 量子点、染料敏化、聚合物以及有机钙钛矿材料的柔性太阳能电池不断涌现，迅速推动了该领域的发展和进步[12-15]。

另外，Brody 等在 1968 年建设性地提出在纸条上制备基于碲的薄膜晶体管（thin-film transistor），并将其集成在显示点阵电路电极的交叉点处，以用于显示像素的有效寻址与开关。此后，Brody 的研究小组在聚酯（mylar）、聚乙烯（polyethylene）、阳极氧化的铝箔等柔性衬底上制备了薄膜晶体管（TFT）器件，并发现其可以在 1/16in①的弯折半径下保持工作[16,17]。到 1985 年左右，日本产业界采用原本用于制备 α-Si:H 太阳能电池的大面积等离子增强化学气相沉积技术来发展基于 α-Si:H TFT 背板的主动式液晶显示器（active-matrix liquid-crystal display，AMLCD），进一步促进了在新型柔性衬底上制备硅基薄膜电路的研究。1994 年，爱荷华州立大学的 Constant 等首次展示了在柔性聚酰亚胺衬底上的 α-Si:H 薄膜晶体管电路[18]；1996 年，Theiss 等首次在不锈钢箔片上制备了可用于投影显示器或自发射显示器的高质量 α-Si:H 薄膜晶体管[19]；1997 年，Young 和 Smith 等又分别利用激光退火技术在塑料衬底上制备了基于多晶硅（polycrystalline silicon）的 TFT 器件[20,21]。自此之后，柔性电子领域的研究迅速发展，许多研究团队和公司陆续展示了基于柔性不锈钢和塑料衬底的电子器件。2007 年，美国普渡大学的 Facchetti 等利用氧化锌和氧化铟纳米线制备了性能优于传统 TFT 的透明可卷曲的薄膜晶体管，为下一代显示技术的发展提供了关键的基础[22]。

　　柔性 OLED 显示技术是有机薄膜电子器件的另一个重要代表。20 世纪 60 年代以后，人们开始了对有机材料电学性能的研究；70 年代以来，导电聚合物、共轭半导体聚合物等的相继发现，极大地促进了有机薄膜电子器件的快速发展。1965 年，Helfrich 和 Schneider 首次在单晶和薄膜蒽（anthrancene）中观测到了电致发光效应。1987 年，柯达公司的邓青云通过真空沉积双层有机结构在低驱动电压下观测到了更高的发光效率。1990 年，Burroughs 等第一次报道了局域共轭高分子材料聚对苯乙炔（Poly（p-phenylene vinylene））的聚合物发光二极管。1992 年，美国加利福尼亚大学的 Heeger 研究小组首次报道了采用旋涂法在柔性透明衬底聚对苯二甲酸乙二醇酯（polyethylene terephthalate，PET）上制备的用于 OLED 发光器件的聚苯胺（polyaniline，PAN）或聚苯胺混合物透明阳极导电薄膜[23]。由于 OLEDs 具有发光效率高、视角宽、操作电压低、亮度高、色彩鲜艳、成本低、质量轻以及柔性好的特点，因而引起了越来越多的研究人员的关注，并得到了快速发展。2003 年，飞利浦实验室发布了一款尺寸为 4.7in、包含 76800 个像素的柔性有源矩阵显示器。2005 年由英国剑桥大学卡文迪许实验室诞生的 Plastic Logic 公司展示了一款 10in、100ppi 分辨率、厚度仅为 0.4mm 且集成了压力传感器的有源矩阵 OLED 柔性触摸显示屏[24]。2009 年，韩国三星展出一款透明 OLED 显示屏，在关闭情况下其透光率可达 70%～85%。

　　近年来，OLED 显示器已经在移动显示领域成为大众市场产品，并开始向电视市场渗透；而随着有机半导体的载流子迁移率以及有机光伏材料的能量转化效率不断提高，它们与多晶硅之间展开竞争的可能性正逐渐增加；同时，柔性电子的构图

---

① 1in=2.54cm。

工艺正在向更小尺寸、更精准的方向发展。受有机电子柔性化和轻量化的推动，柔性有机与印刷电子产业正式进入实际增长阶段，其市场营收已经较为显著，应用领域越来越广，移动电子产品正赢得越来越多的市场份额：消费类电子产品、白色家电、医药/保健护理、商品包装和汽车等行业已经接受有机电子并正在将相关产品推向市场，柔性显示器、柔性扫描仪、电子纸、柔性电池、柔性照明、柔性传感器和驱动器、电子皮肤、仿生电子眼以及人造生物假体等新应用层出不穷；印刷部件与硅基部件的集成也使得混合系统越来越受到人们的关注，并且这种解决方案正成为未来若干年中柔性有机与印刷电子进一步商业化的主要途径。

根据国际印刷电子市场调查公司 IDTechEx 的调研报告，2016 年全球印刷、柔性和有机电子市场营收约为25.4亿美元，2026 年市场营销预计增长至690.3亿美元。目前，印刷、柔性和有机电子市场的主要份额分别来自于 OLED 显示、传感器以及导电油墨，这三者占据了该领域 99%的市场份额。相对而言，可拉伸电子器件和薄膜传感器等目前所占的市场份额非常小，但由于这些产品正处于从研发走向应用的阶段，故其拥有巨大的增长潜力。同时，柔性可穿戴电子的发展也面临很大的挑战，主要包括：①有机和纳米功能材料的设计、工程化制备与性能调控；②大规模溶液化加工工艺中的分辨率与精度问题；③柔性透明封装；④适当的柔性电子行业标准等。柔性电子技术目前仍处于起步阶段，尽管还没有明确的统一定义，但各国政府、跨国企业和研究机构都给予了大力的支持：2015 年美国国防部与苹果公司、波音公司、哈佛大学等一起加入柔性混合电子制造创新研究所（Flexible Hybrid Electronics Manufacturing Innovation Institute）主导的一项总投资高达 1.71 亿美元的研发军用柔性可穿戴式传感器的项目；2007~2013 年，欧盟在柔性电子领域的投资也超过了1.5 亿欧元，资助了未来与新兴技术（FET）项目、欧盟第 7 框架计划（FP7）柔性电子（OLAE）、Flex-o-Fab 柔性 OLED 照明、有机光伏（OPV）、实验电子皮肤技术（CONTEST）、嵌入式有机存储（MOMA）、柔性导电互联（INTERFLEX）以及电子与织物集成（PASTA）等多个涉及材料科学、零部件、产业工艺和应用的项目；韩国在新型的柔性显示屏领域有着主要的优势，三星和 LG 均已将 OLED 显示板商业化，并在诸多柔性电子应用中扮演着重要的角色；我国在柔性电子领域起步较晚，但中国庞大的本土市场以及政府有针对性的投资和采购计划产生了与柔性电子密切相关的巨大产品需求，如由政府采购的 10 亿居民身份证、运输物流用 RFID 标签以及非接触式可重复使用票券等使我国早已成为世界上最大的 RFID 市场。

1.2　柔性电子器件的基本结构

一般来说，大面积电子器件由下至上主要由衬底、电子元件、电极和互联导体以及封装层 4 个部分组成[25]，如图 1.4 所示[26]。为了实现电子器件的柔性化，以上所有部件均需具备在一定的形变情况下保持其特定功能的能力。对于不同的生产商和用户，柔性具有不同的定义，但主要可分为三种：①可弯折或可卷曲；②可永久成型；③弹性可拉伸。当一块厚度为 d 的机械均质薄板以圆柱形弯折至半径为 r 时，其上下表面沿垂直于弯折轴向的方向分别承受应变为 $\varepsilon = d/2r$ 的张应力和压应力；当薄板为非均匀材质时，其表面所受应力与上述表达式略有不同，但仍可按该式参考估算。在实际应用中整个柔性系统所承受的应力应低于某一临界值，而减薄厚度则是在小弯折半径的情况下降低系统应力最直接的方式。另外，可以通过塑性变形的方式获得共形性好、连续不断裂的柔性电子器件[27,28]。但由于塑性形变程度极易超过无机半导体或金属薄膜 0.1%～1% 的张应变极限，因而通常需要将器件放置在刚性的微胞元岛上加以保护。如果制备柔性电子器件所使用的材料具有较大的塑性变形能力，则无须加以额外保护。此外，将安装在刚性微胞元岛上的器件分布到弹性衬底上并通过弹性可拉伸导线进行连接，则可以制备可拉伸的电子器件。

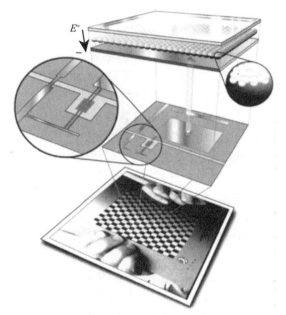

图 1.4 柔性电子器件的基本结构[26]

目前，发展柔性电子器件主要有两种基本方法：①通过转印工艺将制备好的器件或完整电路结构转移并固定到柔性衬底上；②在柔性衬底上直接制备电子器件和电路。在转移-固定技术中，首先需要在硅晶元或玻璃板母衬底上制备整个电路结构，然后再将其转移[29-32]或通过流动自组装的方式[33]安装在柔性衬底上。利用这种方法也可以将硅基或者 GaAs 器件固定在预拉伸的弹性体上，从而在释放预拉伸以后获得具有"褶皱"结构且能够被反复拉伸和释放的半导体器件[34,35]。转移法可以在柔性衬底上制备高性能器件，与 20 世纪 60 年代通过减薄制备硅晶元柔性太阳能电池阵列的方法相比具有显著的优势。然而，转移法也具有表面覆盖率低、成本高等局限性，如预先制备的电路结构仅能以很低的密度固定在大面积柔性衬底表面，因而限制了其在高速通信、计算、激光发射等方面的应用。另外，在柔性衬底上直接制备各种电子元件可以有效提高电路结构的集成密度，从而大幅优化柔性电子设备的性能。但是，由于多数情况下柔性衬底与平面硅基半导体的微纳加工工艺并不兼容，因此往往需要采用多晶或非晶的半导体材料，甚至其他新的材料和新的加工技术才能够实现柔性异质衬底上电子器件的可控制备。目前，由于在柔性衬底上直接制备电子器件具有更加直接、新颖和适于大面积制备的优势，这种方法已经成为相关领域的研究热点，并陆续发展出印刷刻蚀模板法、增材制造法以及局域化学反应法等多种器件制备新技术。

1.2.1 柔性衬底

衬底（或基板）是制造集成电路的基本材料之一。作为基板材料，柔性衬底不仅要具有传统刚性基板绝缘性好而价格低廉的特点，还要具有轻、薄、软等优点，从而保证在弯曲、卷绕、折叠、扭曲、拉伸等复杂的机械形变下保持稳定的电学特性而不发生屈服、疲劳和断裂等，因此对材料和器件的柔韧性和延展性提出了更高的要求。此外，柔性衬底还具有一些其自身特有的特性，包括：①表面平整度，薄膜器件的电学特性对于衬底表面平整度，尤其是短程平整度异常敏感；②热稳定性，柔性衬底的工作温度（如聚合物衬底的玻璃化转变温度，T_g）必须要高于器件制备过程中的最高温度，否则衬底与功能层之间的热失配会造成功能层薄膜的断裂失效；③化学稳定性，衬底在器件加工和使用时不能释放任何污染物，也不能与加工时所使用的化学试剂发生反应，此外，对于空气中的水分和氧气也要具有优异的阻隔特性；④透光性，OLED 照明、显示以及其他透明应用等要求衬底具有可见光波段透明的特点。

玻璃薄板是当前平板显示中使用最频繁的基板材料，当其厚度降低至几百微米时即具有一定的柔性[36,37]。厚度为 30μm 的玻璃箔片仍然具有平板玻璃在可见光波段超过 90%的透光率、低应力双折射率、表面粗糙度小于 1nm、超过 600℃的工作温度、仅为 $4×10^{-6}℃^{-1}$ 的热膨胀系数，以及化学惰性、水氧阻隔性、形状稳定性以及耐划绝缘的等优点。但是柔性玻璃质地非常脆，因而在搬运过程中往往需要在表面张贴塑料薄膜或镀上其他保护涂层以防止碎裂。另外，金属箔片的厚度降低至 125μm 以下时同样具有柔性，因而在自发射或反射式显示器等无透光性要求的设备中具有广阔的应用前景。其中，不锈钢薄板因具有优异的化学稳定性和耐腐蚀性而受到了工业界（如非晶硅太阳能电池）和学术界的广泛关注，并且比玻璃和塑料衬底具有更高的耐用性。同时，由于不锈钢衬底具有显著的导电性、导热性、热稳定性（可承受 1000℃的高温）和水氧阻隔性，其还可以作为导电衬底和散热片使用并具有一定的电磁屏蔽作用。但是由于通过辊轧生产的不锈钢箔片具有明显的凸起和凹痕，其表面粗糙度一般超过 100nm，因而在使用前需要仔细地抛光[38, 39]或展平以将粗糙度减低到 5nm 以下。

除玻璃和金属箔片外，聚对苯二甲酸乙二醇酯（PET）、聚萘二甲酸乙二醇酯（polyethylene naphthalate，PEN）、聚醚砜（polyether sulphone，PES）、聚碳酸酯（polycarbonate，PC）、多芳基聚合物（polyarylates，PAR）、聚多环烯烃（polycyclic olefin，PCO）、聚偏氟乙烯（polyvinylidene fluoride，PVDF）、聚醚酰亚胺（polyetherimide，PEI）、聚酰亚胺（polyimide，PI）和聚二甲基硅氧烷（polydimethylsiloxane，PDMS）等聚合物衬底因具有柔性好、成本低、可卷到卷加工等优点而成为柔性电子中最常见的基板材料。其中，PC、PES、PAR 和 PCO 光学透明且玻璃化转变温度相对较高，但化学稳定性不好；PET、PEN、PEI 和 PI 热膨胀系数小、弹性模量和化学稳定性好。PI 具有非常高的工作温度（$T_g \sim 350℃$），是目前应用最多的柔性电子用衬底材料[40,41]。PDMS 和 Ecoflex 具有良好的可拉伸性和生物兼容性，在生物传感器等领域具有广泛的应用前景。

1.2.2　柔性电极和互联导体

电极和互联导体是将集成电路中各个有机组成部分连接在一起的关键，主要由导电氧化物、金属以及有机导电高分子材料构成。由于柔性电子器件和柔性电路通常会发生较大的形变，因而对电极和互联导体的可拉伸性提出了很高的要求[42,43]。但氧化物和金属材料是典型的脆性材料，一般在 1%～2%的应变下就会发生断裂，从而使器件发生机械失效。因此，需要发展弹性的互联导体来实现可重复的机械形变。1976 年，Heeger、MacDiarmid 和 Shirakawa 首次发现碘掺杂的聚乙炔薄膜具有金属导电的性质，其电导率达到 10S/m。这是第一个导电的高分子材料，自此又相继开发出了聚吡咯、聚苯硫醚、聚酞菁类化合物、聚苯胺、聚噻吩等能导电的高分子材料。这类由化学方法处理得到的本征型导电高分子材料稳定性和重现性较差，成本较高且加工困难，难以进入批量生产的实用阶段，从而促使人们转而研究和开发导电高分子复合材料。导电高分子复合材料是以高分子材料为基体，加入导电高分子[44-46]或金属粒子[47]等填料，然后经过分散复合、层积复合以及形成表面导电膜等方式处理后形成的多相复合导电体系，具有原料易得、工艺简单、成本较低、可再加工等优点而受到广泛重视。但这些弹性导电体的电导率相对较低且厚度较大，难以在薄膜电路中得以应用。因此，人们尝试在弹性衬底表面沉积或在弹性体内部嵌入金属薄膜来发展弹性的薄膜互联体系，例如，在硅橡胶弹性体中嵌入由微纳加工方法预制的蛇形金质薄膜电路，能够在 54%的张应变下获得稳定的导电特性；而在预拉伸的弹性薄膜上通过沉积条带状金质薄膜获得的弹性导体则可以在拉伸至原长两倍的情况下保持导电。利用这种结构型的弹性电极和弹性互联导体连接分布在柔性衬底上刚性微胞元岛上的功能器件，则可以在保证整个柔性电子系统电学特性稳定的基础上极大地提高其机械变形能力。

1.2.3　柔性功能材料和柔性电子元件

由有机半导体、无机半导体甚至有机-无机杂化材料等各种功能材料在柔性衬底上构成的电阻、电感、电容、晶体管、LED 等元件是柔性集成电路中不可或缺的基本组成部分。柔性电子元件包括背板电子元件（backplane electronics）和面板电子元件（frontplane electronics），其功能与传统微电子器件没有本质差别，但更加关注弯曲、卷绕、折叠、扭曲、拉伸等机械形变能力，因而结构设计和制造工艺与传统微电子器件有所不同。

柔性背板元件主要以薄膜晶体管（TFT）等有源或无源器件为代表，用于供电以及信号的存储与处理，并具有坚固耐用、可卷曲可弯折、可通过互补金属氧化物半导体（complementary metal oxide semiconductor，CMOS）电路进行操作以及价格低廉等特点。TFT 器件由源（source）/漏（drain）电极、有源层（channel）、栅绝缘层（gate insulator）和栅电极（gate electrode）构成，其中可以采用非晶/纳米晶/多晶硅、II-VI 族化合物半导体以及高分子或小分子等有机半导体作为有源层（沟道）材料。硅基半导体具有非常成熟的加工工艺，可以通过直接沉积法、前驱体晶化法以及物理转移法制备器件。但由于其工艺温度（>150℃）过高，多晶或非晶硅 TFT 与柔性塑料基板的兼容性相对不好。利用 ZnO、In_2O_3、SnO_2、In-Ga-Zn-O（IGZO）等氧化物半导体和 GaN、SiC 等宽禁带半导体可制备用于汽车挡风玻璃等处的透明 TFT 器件，在可见光波段范围内具有出色的透光性。在室温下通过溶液法在 PI、PEN、PET、PC 等塑料甚至纸质衬底上制备基于高分子和小分子半导体材料的有机薄膜晶体管（organic TFT，OTFT），不仅可以提高元器件的柔韧性和延展性，更为有效降低系统重量创造了条件。

另外，以液晶显示器（liquid crystal display，LCD）、有机发光二极管显示器（organic light-emitting diode display，OLED）、存储器（memory）、传感器（sensor）和驱动器（actuator）等为代表的面板元件在柔性集成电路中也发挥着不可替代的重要作用。液晶显示器主要通过电场控制夹在两块透明电极之间的液晶分子取向来调节某种颜色的透光量以实现显色，而通过将液晶材料封装在高分子薄膜中则可实现 LCD 的柔性化。相比之下，以有机小分子和高分子为发光材料的 OLED 因具有薄膜结构、宽视角、快速响应以及低功耗等特征，近年来成了柔性显示器重要的候选技术之一。磁存储器、阻变存储器、应力传感器、化学传感器、温度传感器以及光学传感器等也在人造皮肤、可穿戴设备及生物医药等中获得了极大的应用。

1.2.4　柔性封装层

为了保护柔性元器件和柔性导线不受环境如水氧、灰尘等的侵蚀和影响，需要使用封装层将整个电路封装起来。同时，将器件和电路置于多层薄膜结构的力学中性面，还可以有效降低形变尤其是弯曲过程中电路所承受的应变，并能够抑制电路与柔性衬底发生机械分离。因此，在设计柔性封装层时需要着重考虑密封材料的物理、化学和机械性能。传统封装层主要采用金属等无机涂层材料，其水氧阻隔率为高分子密封材料的 1000 倍以上，但在弯曲或拉伸情况下容易产生裂纹[48]；丙烯酸树脂、环氧树脂以及聚酰亚胺等高分子密封材料虽然具有很好的机械柔韧性，但由于容易吸收周围环境中的水气从而对器件的可靠性产生影响；利用物理溅射或化学气相沉积法制备的透明氧化物封装层可以提高产品的透明度，而通过与有机材料复合则可以提高其机械柔性。一般来说，OLED 对于密封性的要求最高，TFT 次之，而 LCD 最低，发展阻隔性、光学性能和机械性能俱佳的封装层已经成为当前发展柔性 OLED 的重大挑战之一。

1.3　柔性可穿戴电子设备中的核心硬件技术

1.3.1　电路技术

柔性导电电路是柔性电子器件发展的关键组成部分，近年来受到人们的广泛关注。柔性电路与传统 PCB 电路之间最根本的区别是电路的基板，即以柔性基板代替了刚性基板。电路设计根据柔性电路基板的不同主要分为两种：一种是在柔性织物上进行电路设计，而另一种则是直接集成在高分子聚合物上。传统的刚性电路板硬且重，大大局限了未来电子产品的发展；目前市场流行的以聚酰亚胺或聚酯薄膜为基材制成的柔性电路也存在柔韧性有限、成本相对较高等问题。而 PDMS、Ecoflex 等，不仅具有良好的柔性，还具有可拉伸、压缩、弯曲等特点，是柔性电子学，尤其是可穿戴器件、应力传感器中导电电路的重要弹性体材料。此外，纸张具有良好的韧性，可以弯曲和折叠，也已经成为柔性电路新兴的衬底材料之一。

1.3.2　传感器技术

传感器是电子器件中应用最广泛的一类元器件，以物理、化学以及生物等各种规律或者效应为基础，通过敏感元件和转换元件将难以测量但可直接感受的物理量转化为适用于测量的电信号，从而实现磁场、应力、环境（温度、湿度、pH）、光照以及位移等物理量的感知、获取与检测[49,50]。柔性传感器不仅具有普通传感器的基本功能，还具有优异的机械柔韧性、可拉伸性和保形性等特点，能够在各种形状的复杂表面甚至机械形变情况下进行测量，广泛应用于日常生活、工业生产和科学实验中各种接触式或无损式的信息采集、传输和处理。例如，将柔性温度传感器、湿度传感器和压力传感器等各种元器件集成在柔性基板上所形成的电子皮肤，通过感知外界温度、湿度和压力等，可以实现如血压、血氧、心律等人体健康体征指标以及运动状态等的监测与识别。

1. 应力传感器

应力传感器是目前研究最广泛的一类柔性传感器，基于压阻、压容、压电以及压磁等基本工作原理，可以将物体所承受的应力应变转化为可测量的电磁信号，在冶金、电力、交通、石化、生物医学和国防等领域的自动称重、过程检测和生产过程自动化进展中发挥着不可或缺的作用。近年来，随着智慧医疗和健康监测等的兴起，柔性应力传感器以及基于柔性应力传感器的人造电子皮肤也受到了人们越来越多的关注。一般来说，柔性电阻式应力传感器由功能材料与聚合物材料复合而成，在外界应力作用下，复合材料的电阻发生变化；柔性电容式应力传感器是基于平行板电容器原理构成的传感器，通过外力实现电容的变化，进而实现力的探测；柔性压电式应力传感器的基本原理是基于压电效应，当压力施加于柔性压电式传感器时，引起敏感材料两端产生等量的正负电荷而形成电压，进而实现压力的探测。

2. 环境传感器

在改革开放的四十年间，随着我国工业化进程的不断推进，空气污染、水污染、光污染、电磁辐射等环境污染愈发严重，近年来飓风扬尘、沙尘暴等极端天气也频繁出现，对人们的健康造成了极大的危害。基于气压传感器、温/湿度传感器、气体传感器、颗粒物传感器、pH 传感器等的环境传感器能够通过测试环境数据完成环境监测、天气预报和健康提醒等功能，尤其是柔性的环境传感器可集成于 PM2.5 便携式检测仪、便携式个人综合环境监测终端等设备中，对于相关环境信息的及时精确测量非常重要，具有巨大的市场开发潜力和应用价值。

3. 光传感/探测器

在现代信息社会中，光是传递信息最快速的媒体，而光传感器则是光信息检测系统中的关键部件。随着光纤通信、制导技术、激光测距、遥感遥测、自动控制和光盘数据存取等高技术的发展，对高灵敏度的光传感器的需求也增长迅速。光探测器是基于光电效应，即光子激发电子-空穴对形成光电流，来探测光信号的半导体器件。常用的光传感器主要有基于真空电子加速碰撞电离的光电倍增管（PMT），基于PN 结的半导体光传感器(又称为光电探测器或光电二极管)，光敏电阻，光电管等[8]。光电探测器在军事和国民经济的各个领域，如航空航天、军事国防、信息技术、数字成像、生物分析、环境监测、工业自动控制、高精度测量等中都具有极其重要而广泛的用途。作为柔性电子器件的重要一员，柔性光探测器由于具有可任意拉伸、弯折、扭曲等特点，能够依附于各种不同的表面结构，即实现光探测器的便携化和可移植化,从而拓宽了光探测器的应用场合,为光探测器增加更多新的应用领域。

4. 磁传感器

柔性磁场传感器是可以将磁场强度转变成电信号的装置,通过在具有各种不同复杂形状的检测物体上人为设置磁场,以感应磁场强度来测量电流、位置、方向力矩、速度、加速度、角速度、转数、转速等非磁物理量,已经广泛用于现代工业和电子产品中。迄今为止,人们发展了许多不同类型的传感器用于测量磁场和其他参数,包括磁通门、霍尔传感器、各向异性磁电阻传感器、巨磁电阻传感器、磁性隧道结、磁阻抗器件等。

1.3.3　存储器技术

1. 磁存储器

最理想的柔性电子设备,如柔性可穿戴设备,要求其所有组成器件都具有柔韧性,其中主要包括柔性传感、柔性电路、柔性存储、柔性电源、柔性显示等。目前常见的柔性存储器主要包括磁带、软盘,以及基于巨磁电阻(GMR)和隧道磁电阻(TMR)的柔性磁存储器。磁性材料是磁存储器件的重要组成部分,因此,在柔性衬底上制备磁性薄膜与器件,并研究其功能特性,是发展柔性磁存储器件的重要基础。近年来发展起来的基于 GMR/TMR 的柔性磁存储器,由于结合了磁随机存取存储器的优点和柔性电子器件的特点,必将在可穿戴产品需要的柔性存储器件中占据重要的地位。

2. 阻变存储器

阻变存储器(resistive random access memory,RRAM)是基于阻值变化来记录存储数据的非易失性存储器,具有简单的“电极/介质层/电极”二端口结构。RRAM 结构简单、尺寸小、可微性好、读写速度快、擦写耐受力高、数据保持时间长,并且具备多维和多值存储的能力,已经成了存储器行业研发的重点。同时,RRAM 器件选材广泛、结构简单以及易于制备等优势也使其成为柔性存储器研发的重点候选技术之一,韩国、中国、美国和中国台湾等国家和地区的众多高校及研究院所都在加紧进行柔性 RRAM 的相关研究工作。

1.3.4　显示技术

柔性显示技术由于其轻薄、可弯曲以及便于携带等优点,在笔记本电脑、手机、电子书等显示方面的应用研究越来越多。柔性显示器与传统显示器相比具有更多的潜在优点,如可弯曲折叠、轻薄、易携带、时尚等,并且具有高对比度、高反射性以及宽视角等特点,在工程设计方面也有很大的自由度,它可以广泛应用于消费电子产品、可穿戴设备、智能家居、商业广告等领域。柔性显示技术的发展与发光材料和柔性晶体管开关的发展是分不开的,同时显示技术的发展方向与趋势也对发光材料和柔性晶体管开关的寿命、效率等性能提出了更高的要求[10]。

1.4　柔性可穿戴电子设备未来发展趋势

目前,国内外对柔性电子器件的定义、分类、行业趋势的理解以及判断尚未达到较为一致的认知。但从未来发展趋势和应用角度来看,随着可穿戴电子设备的发展,普遍认为未来柔性电子器件将广泛应用于服装或以饰品、随身物品等形态存在的电子通信类设备中,可以被使用者舒适地穿戴在身上,起到延伸感知、监测状态和提高工作效率的作用。

可穿戴设备的发展大体分为 4 个阶段:20 世纪 60 年代因赌博而产生了可穿戴概念;20 世纪 70 年代涌现出了可穿戴设备的原型,将可穿戴设备的概念进行了普及,但由于技术发展的限制,大多停留在实验室阶段,只有少部分进入市场;20 世纪末,由于传感器技术、互联网技术的进一步发展,才首次出现了真正意义上的消费类可穿戴式设备;自 2012 年开始,在柔性电子技术、物联网产业以及用户需求的共同作用下,可穿戴设备在市场上频繁出现并得到了快速的发展。

随着 Nike、Fitbit、Jawbone、小米、百度、索尼、三星、微软、苹果以及谷歌等公司的介入,以智能腕表和健康手环为代表的可穿戴电子设备引爆了健康领域的应用。目前,市场上可穿戴产品种类各异,主要包括智能眼镜、智能手表、智能腕带、智能跑鞋、智能戒指、智能纽扣、智能头盔等。由于在柔性电子器件硬件关键技术和核心软件应用解决方案方面具有深厚的积累,苹果、谷歌等 IT 巨头在可穿戴设备的制造、创新上具有无可比拟的优势,苹果手表(图 1.5)、谷歌眼镜(图 1.6)等高技术产品一经出现就占据了全球大部分的市场份额并不断地更新换代。据国外知名科技博客网站 Business Insider 旗下的市场研究部门 BI 预测,预计 2017 年全球可穿戴设备的出货量将达到 2.6 亿台,2018 年全球可穿戴设备的市场规模预计将达到 120 亿美元,市场前景非常巨大。

图 1.5　苹果手表

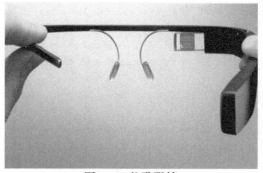

图 1.6　谷歌眼镜

目前，可穿戴设备产业技术发展、产品功能、商业模式、竞争格局仍处于不断探索与形成过程中。从产品角度来看，柔性化、微型化、个性化、时尚化以及多屏互联是可穿戴设备的主要发展方向，可穿戴设备会逐渐走上与智能手机类似的发展模式，丰富的内容信息以及精准化、个性化、及时性、高质量的服务都将成为可穿戴设备产业核心竞争力的重要组成部分。另外从技术角度来看，可穿戴设备对传感技术的融合发展、芯片的功耗、新型显示技术、创新性的人机交互以及大数据处理等也提出了更高的要求。随着传感器技术逐渐成熟，大量检测人体体征数据的传感器不断问世；柔性显示屏开始普及，全息投影技术开始出现；高性能电池成本不断降低，更多的设备采用无线充电技术从手机等终端设备获取电力。从产业链的角度来看，需要从业者在掌握芯片、操作系统以及关键器件等核心技术的基础上，构建可穿戴设备产业的生态系统，在数据分享、健康医疗两个领域以及其他贴近刚性需求的行业（如儿童安全保护）和移动支付行业快速发展，将是掌握产业主导权的关键。

柔性电子器件的出现拓宽和颠覆了人们对传统电子设备的理解与认识。随着科学技术的不断发展，柔性电子器件和可穿戴设备从青涩逐渐走向成熟，将会在运动健身、通信娱乐和医学监测治疗等领域有着更加广泛的应用。

参 考 文 献

[1] Pang C，Lee C，Suh K Y. Recent advances in flexible sensors for wearable and implantable devices. J. Appl. Polym. Sci.，2013，130 (3): 1429-1441.

[2] Almeida V R, Barrios C A, Panepucci R R, et al. All-optical control of light on silicon chip. Nature, 2004, 431(7012): 1081.

[3] Saba M, Ciuti C, Bloch J, et al. Electronic, optical and magnetic materials 2001. Nature, 2001, 414: 731-735.

[4] Vlasov Y A, O'boyle M, Hamann H F, et al. Active control of slow light on a chip with photonic crystal waveguides. Nature, 2005, 438(7064): 65.

[5]   Kumar R, Huybrechts K, Liu L, et al. An ultra-small, low-power all-optical flip-flop memory on a silicon chip. Nature Photon., 2010, 4:182-187.

[6]   Jones R, Rong H, Liu A, et al. Net continuous wave optical gain in a low loss silicon-on-insulator waveguide by stimulated Raman scattering. Opt. Express, 2005, 13(2): 519-525.

[7]   Michel J, Liu J, Kimerling L C. High-performance Ge-on-Si photodetectors. Nature Photon., 2010, 4(8): 527-534.

[8]   Tan H, Liu G, Zhu X, et al. An optoelectronic resistive switching memory with integrated demodulating and arithmetic functions. Adv. Mater., 2015, 27(17):2797.

[9]   Crabb R L, Treble F C. Thin silicon solar cells for large flexible arrays. Nature, 1967, 213(5082): 1223-1224.

[10] Ray K A. Flexible solar cell arrays for increased space power. IEEE Trans. Aerosp. Electron. Syst., 1967, (1): 107-115.

[11] Wronski C R, Carlson D E, Daniel R E. Schottky barrier characteristics of metal–amorphous silicon diodes. Appl. Phys. Lett., 1976, 29(9): 602-605.

[12] Plattner P D, Kruhler W W, Juergens W, et al. 80 Photovoltaic Solar Energy Conf. , 1980, 121. Nath P, Izu M. Performance of large area amorphous Si-based single and multiple junction solar cells // Rec 18th IEEE Photovoltaic Specialist Conference. Las Vegas, NV, Oct 21-25, 939-942.

[13] Okaniwa H, Nakatani K, Asano M, et al. Production and properties of a-Si: H solar cell on organic polymer film substrate. 16th Photovoltaic Specialists Conf. ,1982: 1111-1116.

[14] Okaniwa H, Nakatani K, Yano M, et al. Preparation and properties of a-Si: H solar cells on organic polymer film substrate. Jpn. J. Appl. Phys., 1982, 21(S2): 239-244.

[15] Hamakawa Y. Amorphous Semiconductor Technologies & Devices. Tokyo: Ohusha, 1983.

[16] Brody T P. The thin film transistor—A late flowering bloom. IEEE Trans. Electron Devices, 1984, 31(11):1614-1628.

[17] Brody T P. The birth and early childhood of active matrix—A personal memoir. J. Soc. Inf. Display, 1996, 4(3): 113-127.

[18] Constant A, Burns S G, Shanks H, et al. Development of thin film transistor based circuits on flexible polyimide substrates. Electrochem Soc. Proc., 1995, 94(35): 392-400.

[19] Theiss S D, Wagner S. Amorphous silicon thin-film transistors on steel foil substrates. IEEE Electron Device Lett., 1996, 17(12): 578-580.

[20] Young N D, Harkin G, Bunn R M, et al. Novel fingerprint scanning arrays using polysilicon TFT's on glass and polymer substrates. IEEE Electron Device Lett., 1997, 18(1): 19-20.

[21] Smith P M, Carey P G, Sigmon T W. Excimer laser crystallization and doping of silicon films on plastic substrates. Appl. Phys. Lett., 1997, 70(3): 342-344.

[22] Ju S, Facchetti A, Xuan Y, et al. Fabrication of fully transparent nanowire transistors for transparent and flexible electronics. Nature Nanotech., 2007, 2(6): 378-384.

[23] Chason M, Brazis P W, Zhang J, et al. Printed organic semiconducting devices. Proc. IEEE, 2005, 93(7): 1348-1356.

[24] 彭增辉. 有机显示器和电子器件的柔性基板和封装. 现代显示，2006，1: 24-29.

[25] 许巍，卢天健. 柔性电子系统及其力学性能. 力学进展，2008，38(2):137-150.

[26] Rogers J A. Toward paperlike displays. Science, 2001, 291(5508): 1502-1503.

[27] Hsu P I, Bhattacharya R, Gleskova H, et al. Thin-film transistor circuits on large-area spherical surfaces. Appl. Phys. Lett., 2002, 81(9): 1723-1725.

[28] Bhattacharya R, Wagner S, Tung Y J, et al. Organic LED pixel array on a dome. Proc. IEEE, 2005, 93(7): 1273-1280.

[29] Inoue S, Utsunomiya S, Saeki T, et al. Surface-free technology by laser annealing (SUFTLA) and its application to poly-Si TFT-LCDs on plastic film with integrated drivers. IEEE Trans. Electron Devices, 2002, 49(8): 1353-1360.

[30] Lee Y, Li H, Fonash S J. High-performance poly-Si TFTs on plastic substrates using a nano-structured separation layer approach. IEEE Electron Device Lett., 2003, 24(1): 19-21.

[31] Asano A, Kinoshita T. 43.2: low temperature polycrystalline Silicon TFT color LCD panel made of plastic substrates. SID Symposium Digest of Technical Papers. Blackwell Publishing Ltd, 2002, 33(1): 1196-1199.

[32] Berge C, Wagner T A, Brendle W, et al. Flexible monocrystalline Si films for thin film devices from transfer processes. Mrs Proc., 2003, 769.

[33] Stewart R, Chiang A, Hermanns A, et al. Rugged low-cost display systems. Proc. SPIE–Int. Soc. Opt. Eng., 2002, 4712: 350-356.

[34] Khang D Y, Jiang H, Huang Y, et al. A stretchable form of single-crystal silicon for high-performance electronics on rubber substrates. Science, 2006, 311(5758): 208-212.

[35] Sun Y, Choi W M, Jiang H, et al. Controlled buckling of semiconductor nanoribbons for stretchable electronics. Nature Nanotech., 2006, 1(3): 201-207.

[36] Plichta A, Habeck A W A. Ultra thin flexible glass substrates. Mrs Proc., 2003, 769.

[37] Grawford G P. Flexible Flat Panel Displays. England: Wiley, 2005.

[38] Haruki H, Uchida Y. Stainless-steel substrate amorphous-silicon solar-cell. Japan Annual Reviews In Electronics Computers & Telecommunications, 1983, 6: 216-227.

[39] Afentakis T, Hatalis M, Voutsas A T, et al. Design and fabrication of high-performance polycrystalline silicon thin-film transistor circuits on flexible steel foils. IEEE Trans. Electron Devices, 2006, 53(4): 815-822.

[40] Grawford G P. Flexible Flat Panel Displays. England: John, 2005.

[41] http://www.Dupont.com/kapton/products/H-78305.html.

[42] Lacour S P, Jones J, Wagner S, et al. Stretchable interconnects for elastic electronic surfaces. Proc. IEEE, 2005, 93(8): 1459-1467.

[43] Gray D S, Tien J, Chen C S. High conductivity elastomeric electronics. Adv. Mater., 2004, 16(5): 393-397.

[44] Rubner M, Lee K, Tripathy S, et al. Electrically conductive polyacetylene/elastomer blends. Mol. Cryst. Liq. Cryst., 1984, 106(3-4): 408.

[45] Long Y C, Wang L Y, Kuo C S, et al. Synthesis of novel conducting elastomers as polyaniline-interpenetrated networks of fullerenol- polyurethanes. Synth. Met., 1997, 84(1-3): 721-724.

[46] El-Tantawy F. Development of novel functional conducting elastomer blends containing butyl rubber and low density polyethylene for current switching, temperature sensor, and EMI shielding effectiveness applications. J. Appl. Polym. Sci., 2010, 97(3):1125-1138.

[47] Xie J, Pecht M, DeDonato D, et al. An investigation of the mechanical behavior of conductive

　　　　　 elastomer interconnects. Microelectron Reliab., 2001, 41(2): 281-286.

[48]　Lewis J. Material challenge for flexible organic devices. Mater. Today, 2006, 9(4): 38-45.

[49]　卢忠花, 王卿璞, 鲁海瑞, 等. 柔性可穿戴电子的新进展. 微纳电子技术, 2014, 51: 685-701.

[50]　毛彤, 周开宇. 可穿戴设备的综合分析及建议. 运营技术广角, 2015, 10: 134-142.

第2章 柔性导电材料与电路

2.1 柔性电路的定义及重要性

随着物联网与可穿戴技术的发展，柔性电子器件已成为未来电子器件发展的主流趋势。其中，以柔性聚合物为衬底，以金属薄膜、石墨烯、导电墨水等导电材料为导体的柔性电路是柔性电子器件发展的关键组成部分，具有质量轻、厚度薄、柔软可弯曲甚至可拉伸等特点，在智能穿戴电子[1,2]、柔性显示[3-5]、医疗器件[6,7]、运动监控[8-10]、柔性能源器件[11-15]、电子皮肤[16,17]等领域具有广阔的应用前景，近年来受到人们的广泛关注。

2.2 柔性电路的导电材料

柔性电路一般由导电体和弹性体组成，其中导电体材料包括传统的金属薄膜和导电银浆，透明导电氧化物墨水，金属纳米线、石墨烯、碳纳米管等新型纳米晶墨水，以及完全柔性的液态金属等。

2.2.1 金属薄膜

金属薄膜的电导率约为 $10^5 \mathrm{S \cdot cm^{-1}}$，是传统电子电路首选的导电材料。但是金属的弹性模量非常大（接近 $10^2 \mathrm{GPa}$），因此以金属薄膜作为导电材料是柔性及可拉伸电路领域内的一大挑战。柔性电路中的金属薄膜一般采用铜（Cu）或者金（Au），通过黏合剂粘合、打印、印刷、溅射、电子束蒸发等方法沉积到柔性或超弹性衬底上。柔性电路板的衬底一般选取聚酰亚胺塑料、聚醚醚酮或透明导电涤纶等具有优异弯折性能的高分子材料。现今，随着可穿戴技术的发展，柔性电路已经不再仅仅局限于可弯折，它的发展方向是可拉伸、压缩、弯曲等。

美国弗吉尼亚大学的 Baoxing Xu 课题组采用水溶性聚乙烯醇膜（polyvinyl alcohol，PVA）作为弹性衬底、金属 Au 膜为导电线路制备了波浪形电路结构，并利用其将温度传感器、EMC 传感器、应力传感器等电子元件连接在一起发展了多功能类皮肤电路[18]。其中，以折线结构的 Cr/Au 膜为敏感单元的温度传感器可以实现温度的线性测量，器件的电阻温度系数为 $2.5 \times 10^{-3} \mathrm{°C^{-1}}$。这种电路具有安全透气的特点，可以直接粘贴于人体皮肤表面使用。同时，由于各个传感器之间的连接导线采用波浪形的结构，因而整个集成电路在拉伸、压缩等形变下均能使用且不会剥落。

此外，一些研究者也采用预拉伸-薄膜沉积-释放的形式来制备具有较大拉伸形变能力的金属薄膜电路。例如，美国加利福尼亚大学的 Joshua Kim 及合作者选取 Ecoflex 作为弹性衬底、Au 膜为导电体，通过预拉伸的方式构建了具有褶皱结构的可拉伸电路（图 2.1）[19]。通过释放褶皱结构，该电路的最大可拉伸量可达 200%，但仅在小于 100% 的拉伸应变下具有稳定的电阻。同时，该电路在 50% 的拉伸形变下重复 100 次操作后仍能保持相对稳定的导电能力。

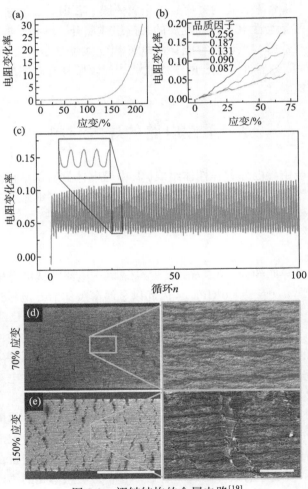

图 2.1   褶皱结构的金属电路[19]

2.2.2　纳米晶墨水

典型的纳米晶墨水是将纳米导电材料分散于溶剂中而制成的，可以通过印刷、旋涂、喷涂等方法制备柔性电路，无须高温、真空操作，并且较为节省原料。纳米导电材料主要包括透明导电氧化物（TCOs）、金属纳米线（NW）、石墨烯、碳纳米管（CNTs）等，可以采用比较简单的方法溶解于价格低廉的溶质中以制备导电墨水[20]。由于纳米晶材料尺寸非常小，因此可以制备非常小的电路，甚至一些有透明性要求的光学电路和器件。

1. 透明导电氧化物墨水

目前的科学研究和现有的工业技术主要依靠真空溅射工艺制备电极。但通过溅射工艺在柔性基板上制备氧化铟锡（ITO）导电膜时难以控制其电极电路图形，并且成品率一般低于 30%，因此，迫切需要发展可以薄膜溅射沉积的替代工艺和传统 ITO 导电膜的替代电极。透明导电氧化物墨水是一类基于常见的宽带隙金属氧化物材料（如 ITO、掺氟的钛氧化物（FTO）和铝掺杂的锌氧化物（AZO）等）所配制的墨水材料，具有良好的光学透明性和导电性能。近期，Song 等提出了一步法（one-pot method）制备氧化物墨水的策略，如图 2.2 所示[21]。利用这种方法得到的透明导电氧化物墨水具有高结晶度、均一形态、分散均匀、有效掺杂、高度稳定性（超过一年）等特性，可以印刷出平滑无裂纹、高透明性和高导电性的薄膜。在柔性基板上所印制的透明导电薄膜表面粗糙度仅为 1.6nm 左右，而方块电阻为 $112\Omega\cdot sq^{-1}$。

2. 金属纳米线墨水

随机纳米线网络具有高透明性和电导率，在可穿戴电子、机器人皮肤、植入医疗器件、柔性和可拉伸显示器以及 OLED 等的柔性和可拉伸线路上具有广泛的应用。特别是金属纳米线墨水，由于制备方法简单而具有非常大的应用潜力。银纳米线具有良好的导电性和柔顺性，是制备弹性导电体的理想导电体材料。化学还原法是合成银纳米线墨水的典型方法之一，通过这种方法获得的银纳米线可以分散在水、乙醇、异丙醇等各种溶剂中。Xu 等采用 PDMS 作为衬底、银纳米线为导电体制备了柔性电路，其初始电导率为 $8130S\cdot cm^{-1}$，拉伸 50% 后电导率变为 $5285S\cdot cm^{-1}$[22]。Lee 等通过硅烷改性改善了银纳米线和 PDMS 之间的黏附程度，从而进一步提高了柔性电路的机械性能[23]。Kim 及其合作者采用刷子绘图的形式利用银纳米线材料为电极制备了柔性电池[24]。

铜纳米线也是常见的金属纳米线。但是由于铜纳米线易氧化，因此其导电性不稳定。针对这一问题，科学家们提出了一些改性铜纳米线的方法。Wiley 及其合作者提出用镍壳包覆的方法提高铜纳米线的抗氧化能力[25]。Won 等则提出先用乳酸去除有机分子和氧化物，再把铜纳米线植入 AZO 里以提高其热稳定性和抗氧化能力的方法，如图 2.3 所示[26]。基于该方法制备的 Cu-NW@AZO 复合导线具有较低的方块电阻（$35.9\Omega\cdot sq^{-1}$），并且在弯曲情况下能够保持稳定的导电能力。

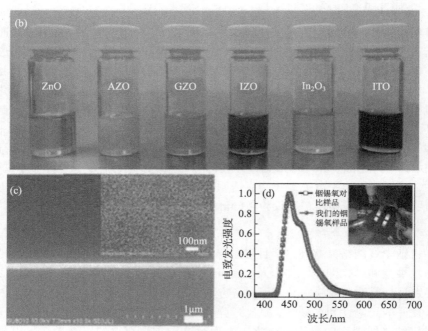

图 2.2   透明导电氧化物墨水[21]

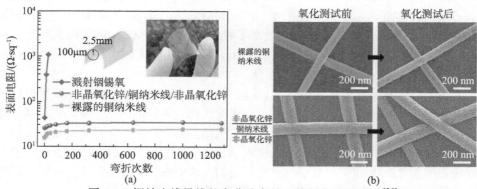

图 2.3   铜纳米线导线的弯曲稳定性和热氧化后的形貌[26]

3. 石墨烯墨水

石墨烯也是非常好的导电材料，可以在溶液中通过化学剥离法大批量制备悬浊液导电墨水，并利用自旋涂布、卷到卷(R2R)和印刷法等价格低廉的制备技术印制柔性电路。Gee 等提出了一种大批量制备高质量、低损耗石墨烯导电电路的简便方法[27]。他们选取人工石墨作为原料，采用电化学剥离法制备石墨烯墨水并采用喷枪喷涂的方法将其大面积沉积到柔性衬底上以制备柔性导电电路。而 Zhi 等以氧化石墨烯为墨水[28,29]，通过棒涂法和工业化卷到卷工艺也制作了大面积的柔性导电电路（图 2.4）。

图 2.4 石墨烯墨水及制备技术[28]

4. 碳纳米管墨水

碳纳米管可以认为是由单层石墨烯卷曲而成的管状碳基纳米结构，具有载流子迁移率高、导电性和机械柔性好等独特的优点，是柔性电子器件中所使用的重要材料之一。一般来说，碳纳米管本身会呈现团聚的趋势，但通过化学改性或采用表面活性剂、纤维素或导电高分子等增溶添加剂进行掺杂后，可以极大地提高其在常规溶剂中的分散度，从而制备导电墨水[30]。图 2.5 展示了碳纳米管墨水及采用槽模法制备的碳纳米管柔性导电薄膜（slot-die）[31]。

图 2.5 碳纳米管墨水及其制备技术[31]

2.2.3 液态金属

基于镓和镓的合金的液态金属具有天然的室温流体特性以及非常高的金属电导率，可用于制备柔性金属导线，在近年来引起了人们越来越多的重视。现在，液态金属导线的制备以注射法为主，即先通过微电子加工等工艺制备电路要求形状的模具凹槽，再用注射器注射液态金属流体后封装成型，这种制备方法较复杂；还可以通过超声的方式制备液态金属墨水，如在水或者乙醇等液体中利用超声波振荡将液态金属分散为微米级金属颗粒，然后将其直接沉积到纸质衬底或者 PDMS 等弹性体获得液态金属薄膜。但是，在水中经超声振荡所形成的液态金属颗粒表面通常会包裹一层若干纳米厚度的氧化镓绝缘层，即微米颗粒呈现典型的液态金属-氧化绝缘层的核壳结构。因此，在衬底上所形成的液态金属薄膜本身也不具有导电能力，需要通过机械应力刻划等方式将微球表面的氧化绝缘层划破以露出内部的液态金属，从而使各个微球之间重新形成导电回路进而绘制出电路图形。此外，由于液态金属表面张力较大、浸润性较差，所以很难作为墨水直接通过喷墨打印的方式实现柔性电路的图形化制备。针对这一问题，清华大学的刘静课题组开展了大量的研究并设计开发了可打印的液态金属墨水以及专门的打印装备，可以把液态金属直接打印到柔性衬底上，如图 2.6 所示[32]。

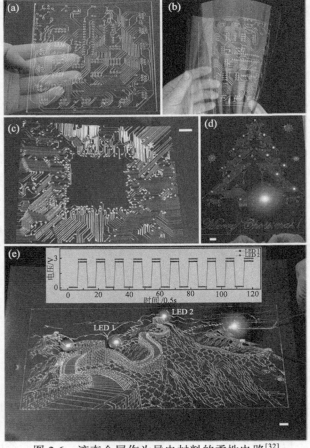

图 2.6　液态金属作为导电材料的柔性电路[32]

2.2.4　其他

除上述几种导电材料以外，还有其他的一些导电材料可以用来制备柔性电路，如商业化的导电银浆以及将金属颗粒分散于溶剂中所制备的导电墨水等。

综上所述，金属膜和纳米晶墨水是最常见的导电材料。金属薄膜的电导率较高但是其拉伸性能受限，可用于不需拉伸或者拉伸率较小（>100%）的柔性电路。利用纳米晶墨水制备柔性电路的方法很多且较简单，成本也较低，缺点是其电导率相对于金属薄膜较低。以液态金属为墨水制备的柔性电路的电导率最高，方块电阻远低于前面几种导电材料，而且本身的流动性也不会限制弹性体的拉伸特性；但是目前制备液态金属柔性电路的方法较少且必须进行封装才能使用，在未来还有待进一步研究。

2.3　柔性电路的制备方法

传统的柔性电路通常以聚酰亚胺或聚酯薄膜为基材、以 Cu 薄膜（或其他金属膜）为导电材料，以微电子加工技术为基本工艺制备而成，目前已经基本实现了商业化。新兴的以弹性体为基材的柔性电路可以将导电材料拓展到金属薄膜以外的各种墨水材料，制备方法以打印和印刷技术为主，相对来说更加多种多样。下面介绍几种常见的柔性电路加工技术。

2.3.1　传统微电子加工技术

在半导体材料芯片上采用微米级加工工艺制造微小型化电子元器件和微型化电路技术主要包括：超精细加工技术、薄膜生长和控制技术、高密度组装技术、过程检测和过程控制技术等。商用的柔性电路板和一些新兴的柔性可拉伸电路均采用此种方法制备。柔性电路中的导电金属薄膜主要通过①真空热蒸发、溅射、离子镀膜、分子束外延等物理气相沉积（PVD）技术，②离子辅助蒸发技术，③等离子体强化等化学气相沉积（CVD）技术，以及④金属化学气相沉积法等薄膜生长和控制技术进行制备[33]。

2.3.2　印刷技术

印刷电子具有低廉的制造价格、简单的制造过程以及可获得大面积的多功能电子电路和器件等优势，近年来越来越受到人们的欢迎。过去的几十年以来，学术界和工业界开发了多种可用于在各种衬底上加工电子材料和图案的印刷技术，主要包括接触式印刷、非接触式印刷以及卷到卷印刷三大类（图 2.7）。接触式印刷过程中带有图案的结构和衬底之间有直接的物理接触，而非接触式印刷中导电溶液通过相关的通道到达开口或喷嘴，电路图案则由预先定制的打印机基台移动的方式而实现印制。接触式印刷技术包括凹版印刷、平版印刷、柔板印刷等。非接触式印刷中突出的技术有丝网印刷、喷墨打印、槽模涂布。相对来说，非接触式印刷具有操作简单、速度快、材料浪费少、图案分辨率高等优势[34]。

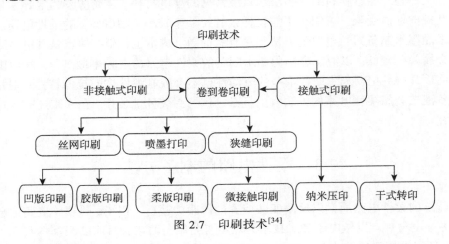

图 2.7   印刷技术[34]

1. 丝网印刷

丝网印刷是印刷电子中最受欢迎并且也是最成熟的技术，它在相当长时间里被用于电子工业中印刷电路板中的金属连线。丝网印刷的设备主要包括丝网、橡胶滚轴、压力台和基底，操作简单、设备价格较低，相对于其他印刷技术具有明显的优势。图 2.8 展示了平板式丝网印刷中常用的操作方式，两者的差别在于平板式中板台和衬底的位置相对固定，而旋转式中衬底会发生旋转[35]。平板式丝网印刷中，首先将墨水倾倒至丝网上面，然后用橡胶滚轴均匀挤压墨水，使之进入丝网开口到达衬底上，从而把丝网上的图案印刷到衬底。如果需要连续或快速印刷，则可使用旋转式丝网印刷代替平板式。由于旋转式丝网印刷的丝网是圆形的，墨水和橡胶滚轴在丝网内部，因此清理起来比较困难。丝网印刷可以用于不同的模板，从而实现柔性电路、传感器等的制备[36]。

2. 喷墨打印

喷墨打印是近期快速兴起的一种将溶液直接沉积成型的技术。导电材料以胶体或化学溶液的形式存放于微米尺度的喷嘴头中，然后利用喷嘴中热、压电或电流体驱动产生响应的脉冲使微小尺寸的液滴喷射至衬底直接沉积形成各种电路图案，如图 2.9 所示[37, 38]。电流体驱动打印中，通过在喷头和对电极之间施加高压电场，可以将溶液从喷头中喷射而出。其中，稳定的锥面射流是电流体喷墨打印系统最主要的要求，而喷墨打印的模式则由喷头的应用电场进行定义。例如，DC 电压可以定义完整的喷射，而不同频率的 AC 电压定义系统所需的各种模式。此外，电流体打印的另一个特色是通过增加电场值及喷嘴和衬底的距离可以实现胶体溶液的喷涂以及纳米尺度厚度电路的沉积[39]。这个技术已成功用于柔性电阻器、电容器、电感器等柔性电子元件和电路等的制备[40]。

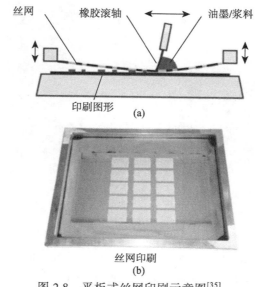

丝网印刷
(b)

图 2.8　平板式丝网印刷示意图[35]

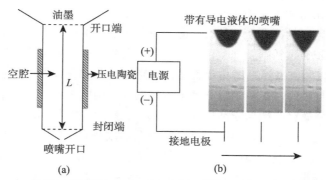

图 2.9　喷墨打印系统：（a）压电喷射头[37]和（b）电流体喷墨系统[38]

3. 凹版印刷

凹版印刷是通过物理接触把功能墨水直接转移到衬底上以制备高质量的图案。凹版印刷的工具主要包括铜电镀的圆筒和机械或激光雕刻的微单元[41]。在印刷的过程中，通过底部微型墨水水槽或者顶部喷头喷射的方式给结构单元填充满墨水，然后使用刀片（doctor blade）去除多余的墨水，最后通过物理接触将结构单元中的墨水转移至衬底从而形成各种图案（图 2.10）。其中，溶液墨水的黏度以及结构单元的宽深比是凹版印刷中控制图形质量的主要参数。溶液的黏度越小，印刷速度越快，并且所能实现的线条分辨率越高[42]。

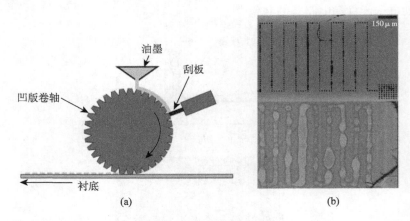

图 2.10　凹版印刷原理[41]

4. 柔版印刷

　　柔版印刷（flexography），也常被人们简称为柔性印刷，通过网纹传墨辊传递油墨并在柔性版上完成印刷。印版一般采用厚度为 1～5mm 的橡胶或感光树脂版制成，其油墨主要可以被分为三大类：醇性油墨、水溶性油墨和 UV 油墨。目前该技术因其绿色环保而被大量用于食品包装印刷等领域。

　　用于柔性印刷的凸印版有两种：即橡胶印版和聚酯印版。橡胶版由自然合成或人工合成的橡胶通过铸造及雕刻的方法制版，聚酯版由光敏树脂经紫外线曝光硬化制成。橡胶制版制作过程是将一片表面涂有感光乳剂的合金放于特别设计的真空框架内，然后将制版的菲林放于合金片上进行曝光；接下来将非印纹未变硬的乳剂冲掉，非印纹部分通过腐蚀形成凸出的图像部分，然后在控制热度及压力的情况下将铸模与凸版相压，从而使材料熔于合金凸版上形成铸模；最后在控制热度及压力的情况下，再把一片橡胶与铸模相压造成橡胶版。制作聚酯版的材料有两种：一种为预制的单张聚酯版，称为固态柔性版；另一种为液态聚酯版，又称液态感光柔性版。但无论是橡胶印版或是聚酯印版均具有一定的柔性，并且能将油墨覆着到各种不同的承印材料上。

　　图 2.11 所示为柔板印刷原理，采用两个卷筒的方式可以进一步提升打印的速度，提高印刷质量。因此，柔板印刷比凹版印刷具有更高的分辨率[43]，适用于插页、商业表格、包装卡纸、商标、薄膜包装、纸质软包装、纸袋、塑料袋、容器、纤维板及胶带等各种印刷范围。

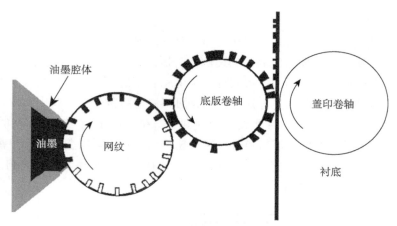

图 2.11　柔板印刷原理[43]

5. 微接触印刷

　　微接触印刷所使用的模板是通过标准微加工工艺得到的，随后将压模材料的前驱体在印刷模板中固化，聚合成型后将成品从模板中脱离。微接触印刷主要使用聚二甲基硅氧烷（PDMS）作为模板材料。随后，将 PDMS 压模与吸收了墨水（常采用含有硫醇的试剂）的垫片接触或浸在墨水溶液中，最后将浸过墨水的压模压到柔性衬底上以形成最终的印刷图案，如图 2.12 所示[44]。微接触印刷快速、廉价，且它对加工环境要求不高，不需要超净间，甚至不需要超光滑表面，操作方法灵活多变。但该方法并不是没有缺点，当需要印刷的电路达到亚微米尺度时，电路微细图形结构的对比度受硫醇分子的扩散影响严重，因此难以控制所达到的图形的尺度。解决办法通常是优化浸墨方式，调整浸墨时间，进而控制墨量及其分布，通过减弱扩散效应提高电路图案质量。

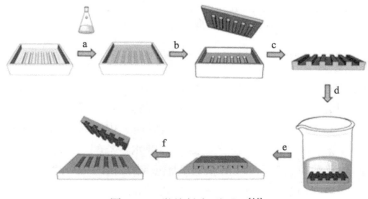

图 2.12　微接触印刷原理[44]

6. 卷到卷技术

综上所述，无论是接触式印刷还是非接触式印刷，其最终目标都是通过合并各种印刷技术方案实现高质量线路的快速制备。因此，可通过研究印刷技术、材料、溶剂、衬底和干燥状态之间的关系获得印刷电路较高的性能。当在实验室中开发的印刷技术已经成熟时，则需要将其转移到大面积快速制备的生产线中实现相同印刷质量的商业化生产。把各种打印技术合并到单一生产线上是一个非常有挑战的工作，例如，加工过程的精确控制和衬底在快速移动过程中材料参数的调整都是一个难题。其中，卷到卷系统是将上述印刷技术集成在一起从而实现各种材料大面积、连续、高速印刷的高效平台（图 2.13）[45]。

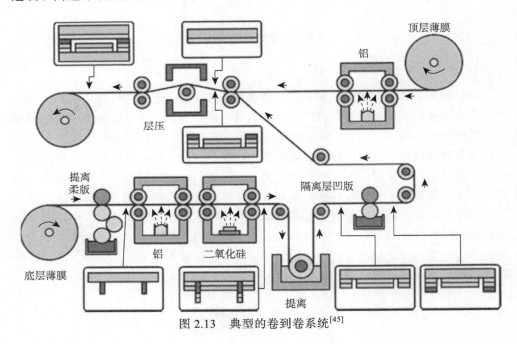

图 2.13　典型的卷到卷系统[45]

2.3.3　其他技术

除了微电子加工技术和印刷技术，还有一些制备柔性电子电路的简单方法。如用液态金属可以采用注射法[46]及机械烧结[47]的方式制备柔性电路（图 2.14 和图 2.15）。其中，注射法是通过光刻技术等制备模型，然后向其中注射液态金属再封装形成柔性电路；而机械烧结法则是把液态金属放入溶剂水、乙醇、丙酮等中通过超声分散形成液态金属悬浮颗粒，然后直接沉积到纸张或者 PDMS 等弹性体上形成液态金属微米球薄膜，并最终通过机械头画出所需的电路图。

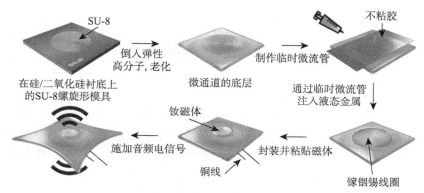

图 2.14　注射法制备液态金属导线[46]

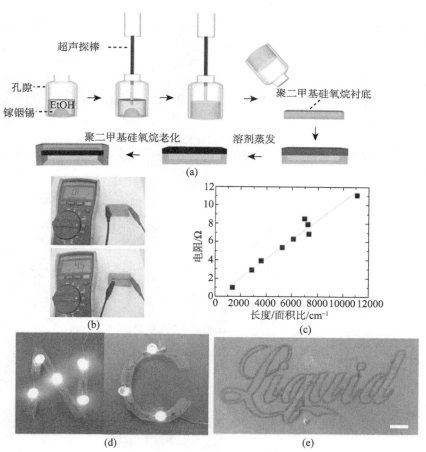

图 2.15　超声和机械烧结法制备的液态金属导线[47]

2.4　柔性电路的应用

　　柔性电路具有独特的柔性甚至可拉伸性，在传感器、柔性 RFID、柔性显示、可穿戴系统乃至电子皮肤等诸多方面有良好的应用前景。伊利诺伊大学 John Rogers 研究小组发展了一款基于柔性电子元件和柔性电路开发的电子皮肤[48]。这种皮肤由传感器、天线和发光二极管等部件组成，供电单元通常为嵌入式太阳能电池或感应线圈，可以用来记录使用者的心跳、大脑活动、肌肉收缩等身体信息，在医疗辅助方面前景广阔（图 2.16）。如果把它放在咽喉位置，通过收集特定的发音引

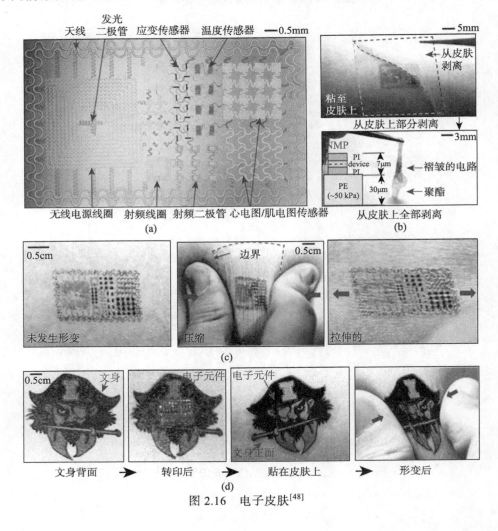

图 2.16　电子皮肤[48]

起的振动，进而让电脑收集使用者信号而操控游戏。这款皮肤的厚度和头发丝处于同等水平，可以直接贴到真实皮肤上使用而无须任何黏合剂，因而也被形象地称为电子文身。Someya 及其合作者研究了柔性衬底上制备的有机场效应晶体管（OFETs）和集成了辅助逆变器、环形振荡器等的柔性电路，发现其电性能相对于刚性衬底没有任何衰退[49]。

　　Mannoor 等选择蚕丝膜为柔性衬底，集成了基于石墨烯的无线传感器（图 2.17），当把其贴于牙齿时可以探测牙齿上所附着的细菌，并通过视频技术将石墨烯传感器的电导信号及细菌附着情况信号发送至处理器[50]。

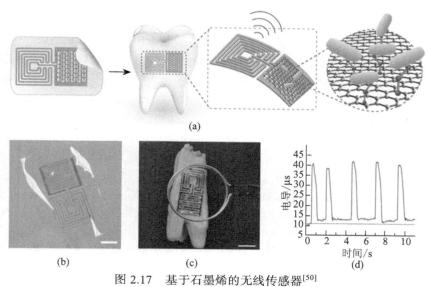

图 2.17　基于石墨烯的无线传感器[50]

2.5　总结与展望

　　本章简要地介绍了柔性电路的概念、组成以及制备方法，重点介绍了柔性电路的导电材料和弹性材料等组成部分。其中，可应用于柔性电路的导电材料以金属薄膜、纳米晶墨水、液态金属为主。金属薄膜主要通过微电子工艺制备，导电能力好，但工艺复杂、延展性能相对较差。基于透明导电氧化物、金属纳米线、石墨烯、碳纳米管等的纳米晶墨水可以通过打印技术或印刷技术制备电路，具有工艺简单、价格低廉且能大面积制备的优点，受到了学术界和工业界的欢迎。液态金属因其本征的流动性和导电性成了"完全柔性"的导体材料，导电性能好并且对弹性材料的拉伸、压缩性能没有任何影响，是柔性电子元件和电路领域近期新兴的导电材料。柔性电路的制备主要有微电子加工工艺、印刷技术和其他技术等，其中印刷技术中的卷到卷可以制备大面积柔性电路，在柔性通信、柔性显示、柔性医疗、柔性传感和柔性能源等方面具有广阔的应用前景。

柔性电路中，柔性导电材料是整个柔性电子系统的血管，而柔性基片则为身体，两者都是柔性电子系统的重要组成部分。对于柔性电路来说，目前还存在很多问题尚未解决，未来应从以下几个方面研究：

（1）可拉伸且可回复性。应用于人体的运动传感器等柔性电子元件和柔性电路要求系统具有可拉伸性。但现今研究中不管是柔性基板还是柔性交联导体，都关注于样品的拉伸性，而很少关注系统的回弹性能。可回复性和柔性电路的稳定工作息息相关。

（2）电路的稳定性。稳定性包括生产工艺的稳定性和产品本身的稳定性。柔性电子系统在拉伸、弯曲、压缩等状态下都必须保持相对稳定的状态。

（3）和刚性电子元件互联或电子元件柔性化。柔性电路只有通过和电子元件进行互联形成集成电路才能够实现所需功能。现今所使用的电子元器件大部分为刚性，因而柔性电路与刚性电子元件之间的互联以及拉伸过程中的稳定性则显得非常重要。如果能实现电子元器件柔性化，柔性电路和电子元件的互联将变得更简单。

参 考 文 献

[1] Trung T Q, Ramasundaram S, Hwang B U, et al. An all-elastomeric transparent and stretchable temperature sensor for body-attachable wearable electronics. Adv. Mater., 2016, 28: 502-509.

[2] Liao X, Zhang Z, Kang Z, et al. Ultrasensitive and stretchable resistive strain sensors designed for wearable electronics. Mater. Horiz., 2017, 4: 502-510.

[3] Gelinck G H, Huitema H E A, Van Veenendaal E, et al. Flexible active-matrix displays and shift registers based on solution-processed organic transistors. Nat. Mater., 2004, 3: 106-110.

[4] Sekitani T, Nakajima H, Maeda H, et al. Stretchable active-matrix organic light-emitting diode display using printable elastic conductors. Nat. Mater., 2009, 8: 494-499.

[5] Kim S, Kwon H J, Lee S, et al. Low-power flexible organic light-emitting diode display device. Adv. Mater., 2011, 23: 3511-2516.

[6] Jeong G S, Baek D H, Jung H C, et al. Solderable and electroplatable flexible electronic circuit on a porous stretchable elastomer. Nat. Commun., 2012, 3: 977.

[7] Bartlett M D, Markvicka E J, Majidi C. Rapid fabrication of soft, multilayered electronics for wearable biomonitoring. Adv. Funct. Mater., 2016, 26: 8496-8504.

[8] Yamada T, Hayamizu Y, Yamamoto Y, et al. A stretchable carbon nanotube strain sensor for human-motion detection. Nat. Nanotechnol., 2011, 6: 296-301.

[9] Pang C, Lee G Y, Kim T I, et al. A flexible and highly sensitive strain-gauge sensor using reversible interlocking of nanofibres. Nat. Mater., 2012, 11: 795-801.

[10] Yan C, Wang J, Kang W, et al. Highly stretchable piezoresistive graphene-nanocellulose nanopaper for strain sensors. Adv. Mater., 2014, 26: 2022-2027.

[11] Xu S, Zhang Y, Cho J, et al. Stretchable batteries with self-similar serpentine interconnects and integrated wireless recharging systems. Nat. Commun., 2013, 4: 1543.

[12] Hu L, Pasta M, Mantia F L, et al. Stretchable, porous, and conductive energy textiles. Nano Lett., 2010, 10: 708-714.

[13] Wu H, Huang Y, Xu F, et al. Energy harvesters for wearable and stretchable electronics: From flexibility to stretchability. Adv. Mater., 2016, 28: 9881-9919.

[14] Zamarayeva A M, Ostfeld A E, Wang M, et al. Flexible and stretchable power sources for wearable electronics. Sci. Adv., 2017, 3: e1602051.

[15] Cheng Y B, Pascoe A, Huang F, et al. Print flexible solar cells. Nature, 2016, 539: 488-489.

[16] Takei K, Takahashi T, Ho J C, et al. Nanowire active-matrix circuitry for low-voltage macroscale artificial skin. Nat. Mater., 2010, 9: 821-826.

[17] Lipomi D J, Vosgueritchian M, Tee B C K, et al. Skin-like pressure and strain sensors based on transparent elastic films of carbon nanotubes. Nat. Nanotechnol., 2011, 6: 788-792.

[18] Xu B, Akhtar A, Liu Y, et al. An epidermal stimulation and sensing platform for sensorimotor prosthetic control, management of lower back exertion, and electrical muscle activation. Adv. Mater., 2016, 28: 4462-4471.

[19] Kim J, Park S J, Nguyen T, et al. Highly stretchable wrinkled gold thin film wires. Appl. Phys. Lett., 2016, 108: 061901.

[20] Song J, Zeng H. Transparent electrodes printed with nanocrystal inks for flexible smart devices. Angew. Chem. Int. Edit., 2015, 54: 9760-9774.

[21] Song J, Kulinich S A, Li J, et al. A general one-pot strategy for the synthesis of high-performance transparent-conducting-oxide nanocrystal inks for all-solution-processed devices. Angew. Chem. Int. Ed. Engl., 2015, 54: 462-466.

[22] Xu F, Zhu Y. Highly conductive and stretchable silver nanowire conductors. Adv. Mater., 2012, 24: 5117-5122.

[23] Lee H, Lee K, Park J T, et al. Well-ordered and high density coordination-type bonding to strengthen contact of silver nanowires on highly stretchable polydimethylsiloxane. Adv. Funct. Mater., 2014, 24: 3276-3283.

[24] Kang S B, Noh Y J, Na S I, et al. Brush-painted flexible organic solar cells using highly transparent and flexible Ag nanowire network electrodes. Sol. Energ. Mat. Sol. C., 2014, 122: 152-157.

[25] Rathmell A R, Nguyen M, Chi M, et al. Synthesis of oxidation-resistant cupronickel nanowires for transparent conducting nanowire networks. Nano Lett., 2012, 12: 3193-3199.

[26] Won Y, Kim A, Lee D, et al. Annealing-free fabrication of highly oxidation-resistive copper nanowire composite conductors for photovoltaics. NPG Asia. Mater., 2014, 6: e105.

[27] Gee C M, Tseng C C, Wu F Y, et al. Flexible transparent electrodes made of electrochemically exfoliated graphene sheets from low-cost graphite pieces. Displays, 2013, 34: 315-319.

[28] Eda G, Fanchini G, Chhowalla M. Large-area ultrathin films of reduced graphene oxide as a transparent and flexible electronic material. Nat. Nanotechnol., 2008, 3: 270-274.

[29] Wang J, Liang M, Fang Y, et al. Rod-coating: Towards large-area fabrication of uniform reduced graphene oxide films for flexible touch screens. Adv. Mater., 2012, 24: 2874-2878.

[30] Hecht D S, Kaner R B. Solution-processed transparent electrodes. MRS Bull., 2011, 36: 749-755.

[31] Hu X, Chen L, Zhang Y, et al. Large-scale flexible and highly conductive carbon transparent

electrodes via roll-to-roll process and its high performance lab-scale indium tin oxide-free polymer solar cells. Chem. Mat., 2014, 26: 6293-6302.

[32] Zheng Y, He Z Z, Yang J, et al. Personal electronics printing via tapping mode composite liquid metal ink delivery and adhesion mechanism. Sci. Rep., 2014, 4: 4588.

[33] Melzer M, Monch J I, Makarov D, et al. Wearable magnetic field sensors for flexible electronics. Adv. Mater., 2015, 27: 1274-1780.

[34] Khan S, Lorenzelli L, Dahiya R S. Technologies for printing sensors and electronics over large flexible substrates: A review. IEEE. Sens. J., 2015, 15: 3164-3185.

[35] Søndergaard R R, Hösel M, Krebs F C. Roll-to-Roll fabrication of large area functional organic materials. J. Polym. Sci., Part B: Polym. Phys, 2013, 51: 16-34.

[36] Chang W Y, Fang T H, Lin H J, et al. A large area flexible array sensors using screen printing technology. J. Disp. Technol., 2009, 5: 178-183.

[37] Tekin E, Smith P J, Schubert U S. Inkjet printing as a deposition and patterning tool for polymers and inorganic particles. Soft Matter, 2008, 4: 703.

[38] Khan S, Doh Y H, Khan A, et al. Direct patterning and electrospray deposition through EHD for fabrication of printed thin film transistors. Curr. Appl. Phys., 2011, 11: S271-S279.

[39] Choi K H, Khan S, Dang H W, et al. Electrohydrodynamic spray deposition of ZnO nanoparticles. Jpn. J. Appl. Phys., 2010, 49: 05EC08.

[40] Zheng Y, He Z, Gao Y, et al. Direct desktop printed-circuits-on-paper flexible electronics. Sci. Rep., 2013, 3: 1786.

[41] Sung D, Vornbrock A D, Subramanian V. Scaling and optimization of gravure-printed silver nanoparticle lines for printed electronics. IEEE Trans. Compon. Packag. Technol., 2010, 33: 105-114.

[42] Jung M, Kim J, Noh J, et al. All-printed and roll-to-roll-printable 13.56-MHz-operated 1-bit RF tag on plastic foils. IEEE T. Electron. Dev., 2010, 57: 571-580.

[43] Deganello D, Cherry J A, Gethin D T, et al. Patterning of micro-scale conductive networks using reel-to-reel flexographic printing. Thin Solid Films, 2010, 518: 6113-6116.

[44] Kaufmann T, Ravoo B J. Stamps, inks and substrates: polymers in microcontact printing. Polym. Chem., 2010, 1: 371.

[45] Lo C Y, Hiitola-Keinänen J, Huttunen O H, et al. Novel roll-to-roll lift-off patterned active-matrix display on flexible polymer substrate. Microelectron. Eng., 2009, 86: 979-983.

[46] Jin S W, Park J, Hong S Y, et al. Stretchable loudspeaker using liquid metal microchannel. Sci. Rep., 2015, 5: 11695.

[47] Lin Y, Cooper C, Wang M, et al. Handwritten, soft circuit boards and antennas using liquid metal nanoparticles. Small, 2015, 11: 6397-6403.

[48] Kim D H, Lu N, Ma R, et al. Epidermal electronics. Science, 2011, 333: 838-843.

[49] Sekitani T, Zschieschang U, Klauk H, et al. Flexible organic transistors and circuits with extreme bending stability. Nat. Mater., 2010, 9: 1015-1022.

[50] Mannoor M S, Tao H, Clayton J D, et al. Graphene-based wireless bacteria detection on tooth enamel. Nat. Commun., 2012, 3: 763.

第 3 章　柔性应力敏感材料与应力传感器

3.1　柔性应力传感器的应用背景

　　柔性电子技术是将功能材料、结构和器件附着于柔性/可拉伸的衬底上制备柔性电子信息器件的技术。与传统在 Si 衬底上发展的电子信息器件相比，柔性、可拉伸电子器件具有可弯曲或拉伸变形、便携、可大面积应用的特点，代表了电子器件未来发展的重要方向之一[1]。2000 年美国 *Science* 期刊将柔性电子技术与基因组学等并列为 21 世纪十大新兴科技；全球著名的电子技术期刊《电子工程时代》（*EE TIMES*）在 2010 年也将柔性电子技术列为"全球十大新兴技术"之一。依托柔性电子技术，目前研制的柔性电子器件包括柔性显示、柔性电池、柔性照明、柔性传感、柔性存储等。基于上述柔性电子器件，一些柔性的电子系统也开始出现在人们面前，其中最典型的是集成了柔性电池、柔性传感等多个功能的电子皮肤[1-5]。

　　柔性应力传感器是柔性电子技术的重要研究方向之一，因其具有柔韧性、可拉伸性等特点，可以附着在具有不规则形状物体的表面，也可以贴附于人体皮肤甚至植入人体器官内，在工业及家庭机器、消费电子产品、柔性显示器、智慧医疗健康监测设备等领域有着潜在的应用价值。柔性应力传感器可以制备成电子皮肤，用来模拟和拓展人的触觉；可以制备成柔性可穿戴健康监测系统，监测人的脉搏、心跳、呼吸等体征指标和健康参数；也可以制备成柔性运动监测设备，满足体育运动员、运动爱好者等监测运动状态的需求。

3.2　柔性应力敏感材料与应力传感器

　　应力敏感材料、器件结构以及工作原理是柔性应力传感器的基础。应力敏感材料主要包括金属材料、碳基材料和导电高分子材料等。以各种物理效应为基础，敏感材料可以将其感受到的应变转化为可测量的电阻、电容、电压以及电流等电学信号，从而实现外界应力的感知、获取与检测。按照器件结构和工作原理来划分，可将柔性应力传感器分为电阻式柔性应力传感器、电容式柔性应力传感器、压电式柔性应力传感器以及其他类型柔性应力传感器：①电阻式柔性应力传感器的敏感单元主要由功能材料与高分子材料复合而成，在外界应力作用下，复合材料的形状和电阻发生变化，因而可以实现应力的探测。②电容式柔性应力传感器的核心是电极/介质/电极结构的平行板电容器。其中，器件的电容值与两个电极之间的间距成反比例关系，与介质的介电常数和电极的有效面积成正比。所以，通过应力改变两个电极之间的间距或者介电常数，则可以实现器件电容的变化进而实现力的探测。③压电式柔性应力传感器主要由柔性压电材料构成，基于力生电荷的压电效应进行工作。其中，柔性压电材料一般由柔性压电、铁电敏感材料或者由压电/铁电材料与高分子的复合材料制成敏感单元。当压力作用于压电式柔性应力传感器时，引起柔性压电材料的电极两端产生相同的正负电荷，进而形成电压，实现压力的探测。④其他类型柔性应力传感器包括基于逆磁致伸缩效应的压磁式柔性应力传感器，主要由磁致伸缩材料及其与高分子的复合材料构成敏感单元。当应力作用于磁致伸缩材料时，通过磁性变化引起敏感单元形状和阻抗的改变，从而实现力的探测。此外，还可以通过界面结构、介质结构等的设计优化柔性应力传感器的性能[6-9]。

3.2.1 电阻式柔性应力传感器

电阻式柔性应力传感器是在外力作用下电阻发生变化的一类传感器，具有结构和电路简单、容易集成、抗干扰性强等优点，是目前研究和应用最为广泛的一类应力传感器。引起电阻式应力传感器输出发生变化的因素包括如下几类：①电阻式传感器的几何构型变化；②构成电阻式传感器的半导体能隙变化；③导电或者功能材料的接触电阻发生变化；④由复合功能材料构成的应力传感器中导电材料间距的变化。一般来讲，应力传感器的电阻由公式 $R=\rho L/A$ 表示，其中，ρ 为应力传感材料的电阻率，L 和 A 分别为应力传感材料的长度和面积。应力传感材料电阻的变化一般由其几何构型参数的变化决定，应力传感器的灵敏度即应变系数，则可通过公式 $GF = (dR/R_0)/\varepsilon$ 计算，其中，R_0 为没有应力时材料的起始电阻值，ε 为有应力时传感材料的变形量。

将以导电纳米颗粒、纳米纤维、纳米薄片（如炭黑颗粒、银颗粒、石墨烯、碳纳米管、银纳米线等）为代表的导电功能材料与高分子复合是制备电阻式柔性应力材料和传感器的常用方法[10-12]。当导电功能材料的掺杂量很少时，复合敏感材料处于绝缘状态；随着导电功能材料掺杂量的逐步提高并达到逾渗阈值，复合材料内部会形成连通的逾渗导电通路，从而使敏感材料处于导体或半导体态。在应力的作用下，逾渗导电通路的形状和尺寸会发生变化，从而引起器件电阻发生变化。例如，在石墨烯或石墨片与高分子构成的复合导电材料中，在压力的作用下复合材料的尺寸发生改变，片状导电材料的接触、分布发生变化，逾渗导电通路的形状、尺寸以及器件电阻也随之发生相应的变化[13]。这种复合型的电阻式柔性应力传感器结构简单，但由于导电功能材料在拉伸过程中会发生相对位置的变化，因而通常具有回复性差和回滞大等缺点。

　　值得一提的是，通过结构设计可以进一步提升电阻式柔性应力传感器的灵敏度。例如，Choong 等[14]以由聚二甲基硅氧烷（PDMS）制备的微金字塔结构为模板，通过将 PEDOT:PSS 和 PUD 的导电复合材料滴涂在微金字塔上，构成了具有金字塔结构的柔性电极。通过在该柔性电极上覆盖上另外一个平面结构的柔性电极制备了应力传感器，并利用两个电极接触电阻的应力响应实现了压强为 23Pa（93mg 质量）的高灵敏探测。Park 等利用基于 CNT/PDMS 复合材料的微圆顶阵列结构设计了具有隧穿结构的柔性应力传感器。如图 3.1 所示[10]，当传感器受到压力时会改变接触隧道的导电性能，器件具有高达 10^5 的电阻开关比、$15.1kPa^{-1}$ 的压力灵敏度、0.2Pa 的最小检测限和 0.04s 的快速反应和回复时间。这种高灵敏度的柔性传感器不仅能够探测拉伸、扭曲等多种机械形变，还可以探测到呼吸等微小应力。

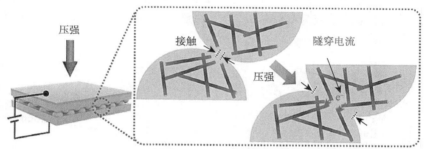

图 3.1　微圆顶结构应力传感器的工作原理示意图[10]

　　然而，上述表面微结构主要是基于 Si 模板而制作的。虽然其制作的微结构精细、传感效果好，但是 Si 模板的制作方法复杂、成本高、效率低，在大规模应用中局限性较大。因此，人们也在不断寻找更优异的制作界面微结构的方法。中国科学院苏州纳米技术与纳米仿生研究所的张珽团队[15]发现丝绸表面具有微米级别的天然结构，并以其为模板通过覆盖 PDMS 成型和图形转移，快速、简单、低成本地得到了具有丝绸微结构的 PDMS 衬底。之后，在 PDMS 上沉积碳纳米管制备了具有丝绸界面微结构的电极，并将两个电极面对面组合在一起，构成了电阻式柔性应力传感器[15]，其结构如图 3.2 所示。该传感器灵敏度高达 $1.80kPa^{-1}$、检出限为 0.6Pa，可成功检测一只蚂蚁（10mg）的重量。澳大利亚蒙纳什大学的程文龙团队[16]利用含羞草表面为天然模板，通过类似的方法制备了柔性应力传感器，发现其 20ms 的快速反应时间和超过 1 万次的加载-卸载循环稳定性。

　　除了改变传感器的界面结构以外，还可以利用导电多孔材料[17]、海绵[18,19]、泡沫[20]或者球形薄膜[21]等具有良好的导电性能和机械性能的材料作为敏感材料来提高柔性应力传感器的灵敏度。Han 等[18]利用 CNT、PDMS 和方糖混合制备了基于导电海绵材料的柔性应力传感器。当海绵材料受到挤压而发生孔径变化时，CNT 网络结构的电阻也随之变化，器件能够在 90%的压缩形变范围内呈现 22～200 kPa 的高压检测范围。但这种传感器的海绵型敏感单元的响应时间相对较慢，因而限制了其实际应用。为了提高应力应变响应速度，Yao 等[19]利用还原性氧化石墨烯（RGO）碎片与 PU（聚氨酯）复合制备了新型导电海绵材料。由于这种导电海绵材料主要是通过海绵内部网络结构的表面接触导电，如图 3.3 所示，因而具有更快的响应速度和更高的灵敏度，在人体健康监控上有很大的应用前景。为进一步优化柔性应力传感器的检测极限，斯坦福大学鲍哲楠团队[21]利用具有球形微结构的聚吡咯（PPy）凝胶制备了空心导电材料和对超低压力敏感的柔性应力传感器，可以探测到低于 1Pa 的压力，并且具有小于 47ms 的快速响应速度、高重复性、优异的循环稳定性和温度稳定性等。此外，为了获得理想的零温度效应的电阻传感器，He 等[22]利用初始网络保形生长技术制备了 PPy/银共轴纳米线凝胶海绵材料和电阻式柔性应力传感器，其电阻温度效应为 $0.86×10^{-3}℃^{-1}$，灵敏度为 $0.33kPa^{-1}$，反应时间仅为 1ms，而最低探测压力为 4.93Pa。

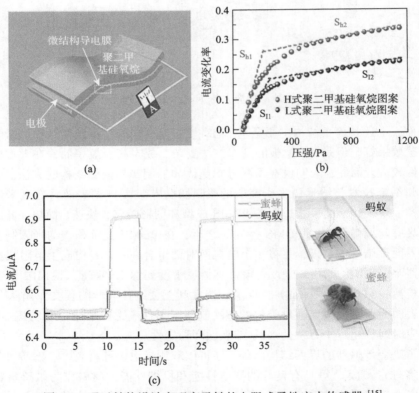

图 3.2　通过结构设计实现高灵敏的电阻式柔性应力传感器 [15]

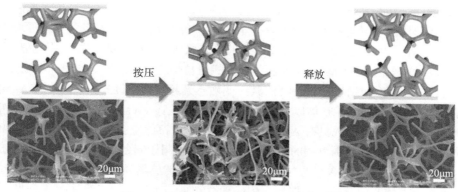

图 3.3　RGO-PU 海绵结构的导电机制[19]

除了进行正压力的探测以外，还可以利用电阻式柔性应力传感器进行弯曲应力的探测。但是由于弯曲应力探测过程涉及传感器的微拉伸或者压缩形变，因而基于普通固体的电阻式应力传感器（如应变片结构）的最大拉伸形变一般要小于 5%，应变传感系数 GF 仅为 2 左右[23]。目前，研究人员也利用复合功能材料来设计柔性弯曲应力传感器，从而在不损失拉伸应变的条件下获得更高的灵敏度。例如，Chang 等[24]将生长在 Si 上的多壁碳纳米管（MWCNT）转移到柔性衬底上制备了柔性传感器，其应变分辨率可达 0.004%，应变敏感系数 GF 为 269。Liao 等[25]通过使用铅笔在纸上画线的方式简单方便地制作了电阻式柔性弯曲应力传感器，其响应和回复时间仅为 110ms，敏感因子高达 536.6，并且能够循环操作 10000 次以上。这种笔写方式具有便携、环境友好和经济实惠等特点，为制作多功能器件提供了一种有价值的方式。

上述电阻式柔性应力传感器的核心目的是实现压力或弯曲应力的探测，但其拉伸性能具有很大的局限性。除了电阻式柔性应力传感器外，人们也关注电阻式可拉伸应力传感器。

3.2.2　电阻式可拉伸应力传感器

在手指弯曲运动、膝关节运动以及机器手臂运动等监测过程中，通常需要进行拉伸形变下的应力探测。尤其是探测人体应力等实际应用中往往需要柔性应力传感器具有良好的可拉伸性，从而与人体皮肤的形变程度相匹配和兼容，以满足人体力学运动、健康参数的测量等。与电阻式柔性应力传感器相类似，电阻式可拉伸应力传感器主要通过基于导电填料——高分子复合材料的敏感单元在拉伸过程中由形变所导致的电阻变化而进行拉伸应力的探测。所不同的是，可拉伸应力传感器需要考虑高分子材料的拉伸性能，优选弹性好的高分子材料并进行器件结构上的设计，以满足器件可以容忍大拉伸形变的要求。电阻式可拉伸应力敏感材料和传感器的制备方法主要包括过滤法、打印法、转移/微模板法、涂层法和液态混合法等。

过滤法：将分散在溶液中的导电功能材料通过抽滤、过滤或者自然蒸发溶剂等方式沉降形成膜状导电材料，然后将其转移到弹性基底上制备电阻式可拉伸应力传感器。Yan 等[11]利用过滤法将石墨烯和纳米纤维混合制得纳米纸导电材料，然后在纳米纸导电材料上固化 PDMS，从而制得电阻式可拉伸应力传感器。如图 3.4 所示，该方法可以实现 100%拉伸应变的探测，其应变敏感系数 GF（6.9）比基于 CNT 或 AgNWs 的可拉伸应变传感器高 10 倍以上。Amjadi 等[26]将 AgNWs 沉积在玻璃板上，再用 PDMS 浇铸固化成型形成具有 AgNWs 网络结构的可拉伸应变传感器，实现了 70%的拉伸形变以及 2～14 范围可调的敏感系数 GF。这种用于制备电阻式可拉伸应力敏感材料的过滤方法操作简单、成本低，所制得的应力传感器通常可以用于手指运动及手势示意等人体弯曲与拉伸的探测，但一般存在回滞大、探测精度不高等问题。

图 3.4　可拉伸纳米纸传感器的制备流程图[11]

打印法：通过打印设备将导电墨水或导电复合材料等直接打印在弹性基底上，或者打印在刚性基底再转移到弹性基底上，可以构建电阻式可拉伸应力传感器。Muth 等[27]利用三维（3D）打印的方式将由炭黑（CB）粒子和硅油制备的多功能墨水打印成了多种多样的线路（图 3.5），能够实现 1000%的拉伸应变，而通过多层打印还可以进一步实现多轴力的探测。Kim 等[28]利用一维 NH$_2$-WMCNT、二维 GO 以及三嵌段高分子 SIS 等制备打印墨水并得到了具有多层网络结构的可拉伸应力传感器，具有 72 的敏感系数和低回滞、低过冲特性。

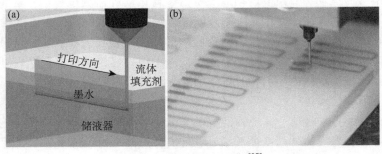

图 3.5　3D 打印的流程[27]

　　转移/微模板法：先在模板上生长所需的导电功能材料，然后再转移到弹性衬底材料上制备柔性可拉伸应力传感器。Yamada 等[29]将 SWCNT 薄膜转移到 PDMS 衬底上制备出可拉伸应变传感器，在大于 10000 次检测循环中保持了 280%的拉伸应变以及快速反应、低蠕变的特性。Wang 等[30]利用 Cu 网丝作为模板生长石墨烯网格结构，然后转移到 PDMS 上制备了可拉伸应力传感器（图 3.6）。所制得的传感器在 2%～6%的应变范围内和 7%的应变情况下分别具有高达 10^3 和 10^6 的敏感系数（GF），并且具有重复性好、易加工、可用于贴片式检测等诸多优点。同时，该器件在 0.2%以下的低应变范围仍然具有 35 的敏感系数，因而可以探测呼吸、发声、表情、眨眼、脉搏等非常弱的应力应变信号。

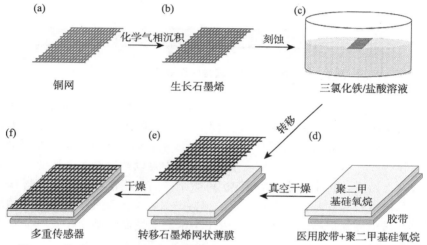

图 3.6　基于 GWF-PDMS-医用胶带(medical tape)的传感器的制备流程[30]

　　涂层法：通过在弹性衬底材料上喷涂导电材料形成导电功能涂层，进而制备可拉伸应力传感器。例如，Luo 等[31]将 SWCNT/GNP 喷涂在 PET 上，制得了可拉伸应力传感器，具有高应变敏感系数等性能。

　　液态混合法：将导电功能材料分散在液态衬底材料中，从而形成复合导电体并制备出可拉伸应变传感器。例如，Lu 等[32]将 CB、CNT 分别分散在液态 PDMS 中，制备了可拉伸应变传感器，实现了皮肤不同动作的探测。

3.2.3　电容式柔性应力传感器

　　电容式柔性应力传感器一般采用有机高分子做弹性介质层（如 PDMS、PI、Ecoflex 等），在弹性介质层上、下表面分别沉积电极以构成三明治电容器结构。图 3.7 是电容式传感器的探测原理示意图[33]，当向电容器结构施加拉应力或者压应力时，弹性介质层会发生相应的拉伸或者压缩形变，从而引起电极间距和等效电极面积的变化。

根据电容的计算公式 $C=\varepsilon S/d$（其中 C 是器件电容，ε 是弹性介质的介电常数，S 是等效电极面积，d 是电极间距），电极间距和等效电极面积的变化会导致器件电容发生变化，从而实现应力的探测[34]。柔性电容式传感器具有灵敏度高、功耗低、适于阵列探测等优点，但同时也存在读出电路复杂、抗干扰能力差等问题。

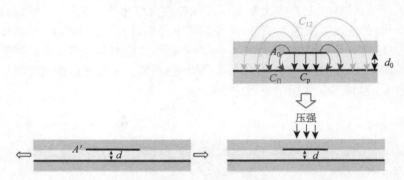

图 3.7　柔性电容式传感器的探测原理示意图[33]

通过构建特殊结构的弹性介质层，可以调节电容式应力传感器的灵敏度。2014 年斯坦福大学鲍哲楠团队将刻蚀 Si 作为模板，利用 PDMS 转印技术设计制备了具有四棱锥微结构的 PDMS 介电层[35]，如图 3.8 所示。当四棱锥结构的倾角减小时，PDMS 的等效杨氏模量降低，这意味着相同的应力可以产生更大的形变，从而获得更高的检测灵敏度。此外，通过改变四棱锥微结构的间距也可以进一步调节等效杨氏模量，从而可以有效调控电容式应力传感器的灵敏度。随着微结构间距的增大，该传感器灵敏度逐渐提高至 0.2kPa^{-1}，可用于检测毛细血管跳动等微小应力。

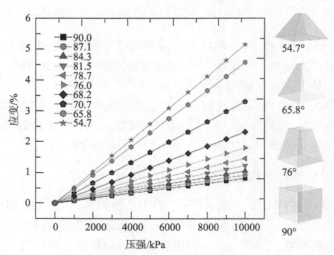

图 3.8　等效杨氏模量与四棱锥结构的关系[35]

　　通过设计电极的相对分布并采用复合材料作为绝缘介质层，可以实现宽量程、多维力的探测。Viry 等采用 PDMS 作为衬底材料，以氟硅酮和空气作为复合介电层，以导电织物作为电极，设计制备了一个顶部具有公共电极和 4 个独立底电极的电容式多维力传感器，如图 3.9 所示[36]。在 0~2kPa 小压强范围内，空气表现为主要形变层，器件可以实现最小分辨率为 10mg、最小位移为 8μm 的高灵敏检测；当压强大于 2kPa 时，氟硅酮介质起主要形变作用，器件相应地可以实现更大量程的测量。同时，由于顶部公共极板与底部独立的底电极分别形成了 C_1、C_2、C_3、C_4 四个电容器结构，因而通过四个电容的相对变化就可以实现三维的力探测。

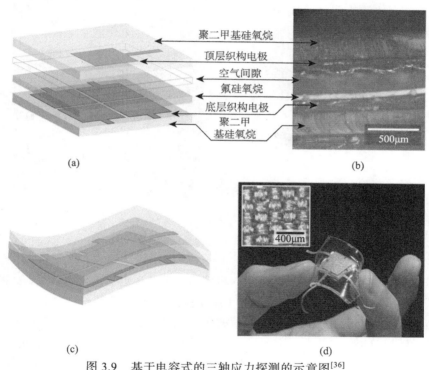

(a)　　　　　　　　　　　　　　　　(b)

(c)　　　　　　　　　　　　　　　　(d)

图 3.9　基于电容式的三轴应力探测的示意图[36]

　　另外，采用电极、介质的同轴结构则可获得"导线型"的可拉伸电容式应力传感器。Frutiger 等[37]采用导电离子液体作为电极，利用硅橡胶作为介质，制备了具有同轴结构的导线型可拉伸电容式应力传感器，如图 3.10 所示。该传感器可以承受超过 250% 的拉伸形变，在人体关节运动等大形变监控领域具有广泛的应用前景。

　　除了探测应力之外，电容式传感器另外一个重要的应用是进行触觉探测。Choi 等[38]利用 PU 作为介质层，以 PDMS 作为封装材料，以 AgNWs/rGO 作为电极材料，制备了拉伸不敏感的透明电容传感器。由于 PU 和 PDMS 具有不同泊松比，经过三明治结构的厚度设计综合两者的机械性能，所制得的传感器在拉伸应变不超过 50% 时电容基本保持不变。

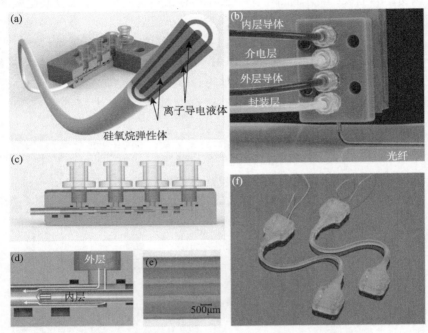

图 3.10　同轴结构的导线型可拉伸电容式应力传感器[37]

3.2.4　压电式柔性应力传感器

压电材料是指基于逆压电效应而在机械压力下产生电荷的特殊材料。这种压电特性是由存在的固有电偶极矩导致的，而电偶极矩的获得则是通过取向的非中心对称晶体结构变形或者孔中持续存在电荷的多孔驻极体实现的。压电系数是衡量压电材料能量转换效率的物理量，压电系数越高，能量转换的效率就越高。利用高灵敏、快速响应和具有高压电系数的压电材料可以发展能够将压力转换为电信号的压电式柔性应力传感器。

压电无机物是典型的高压电系数、低柔性的材料；而压电高分子正好相反。为了探索高压电系数的柔性应力传感器，人们尝试了包括在柔性基底上构筑压电无机薄膜、使用压电高分子或无机/高分子复合物以及构筑稳定的压电驻极体等在内的一系列方法。Dagdeviren 等[39]在 MgO 衬底上生长了无机铁电/压电 PZT 薄膜，然后通过激光烧蚀的方法去除衬底，并利用 PDMS 转移 PZT 薄膜，实现了无机铁电/压电材料的柔性化。Zhou 等[40]利用 ZnO 的压电细丝粘附在柔性衬底 PS 上制得了压电式柔性应力传感器，具有优异的稳定性、快速反应性且敏感系数高达 1250 等特性，有望在细胞科学、生物医药、MEMS 器件等领域的应力探测方面得到应用。最近，国际上也兴起了利用具有良好压电特性和机械稳定性的纳米线和纳米带材料发展高分辨感知阵列传感器的热潮。Xiao 等[41]将 PS 纳米纤维通过静电纺丝的方式沉积在 PDMS 上，然后在 PS 上生长 ZnO 纳米线，从而得到 ZnO NW/PSNF 混合结构，如图 3.11 所示。该传感器可以承受 50%的拉伸应变，在人体运动的大应变和小应变检测中都可以得到很好的应用。

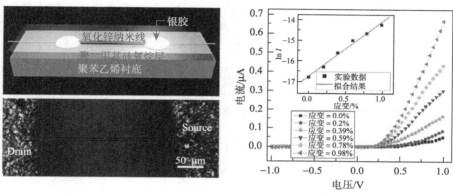

图 3.11　基于纳米线或微米线的压电式柔性应力传感器[40]

除了直接利用压电材料制备柔性应力传感器之外，还可以利用应力作用下压电材料产生电荷的特点，将其用作晶体管或者场效应管的栅介质，进行应力-电荷-输出模式的应力探测和输出信号的放大。例如，Trung 等[42]利用具有压电和热电效应的共聚物 P(VDF-TrFE)作为栅极制得了基于柔性有机场效应管（tf-OFET）结构的应力传感器，对红外辐射、压力、应力等多种外界刺激具有响应特性。Sun 等[43]利用压电材料作为纳米发电机和栅极介质层，制备了压电纳米发电机和栅极共平面的石墨烯晶体管，获得了自供能的阵列式柔性应力传感器（图 3.12）。该传感器敏感系数高达389，最低探测应变极限为 0.008%，并且能够承受大于 3000 次的弯曲循环。

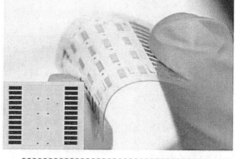

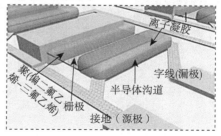

图 3.12　自供能的阵列应力传感器[43]

3.2.5   基于其他原理的柔性应力传感器

电阻、电容和压电式柔性应力传感器是最常见的柔性应力传感器结构。除此之外，基于光学结构、磁学结构等的柔性应力传感器受到人们越来越多的关注。可以说，柔性应力传感器的家族在不断地完善。基于发光结构的柔性应力传感器是一种直接将机械能转换为光学信号的柔性应力传感器。Wang 等[44]利用了 ZnS:Mn 颗粒的力致发光性质，通过自上而下的光刻工艺设计和制备了空间分辨率可达 100 μm 发光响应柔性应力传感器。其主要工作原理是通过压电效应诱导 ZnS 纳米颗粒压电材料的电子能带在压力作用下产生倾斜，从而促进 Mn^{2+} 跃迁至激发态；处于激发态的 Mn^{2+} 弛豫至基态时就可以发射出波长为 580nm 的黄光。这种基于压电效应驱动光子发射的力致发光的响应时间小于 10ms，可以通过记录单点滑移的动态压力分辨签名者的笔迹。而通过发射强度曲线的实时监测实现二维平面压力分布的扫描能力也使得无机半导体材料成为未来快速响应和高分辨应力传感器材料领域最有潜力的候选者之一（图 3.13）。

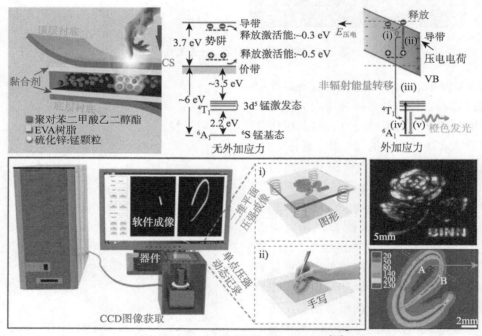

图 3.13   基于力致发光的压力扫描[44]

压磁类应力传感器利用磁致伸缩材料的逆磁致伸缩效应可以制成高灵敏度的柔性传感器，在非接触式无线探测方面有明显的优势。Suwa 等[45]制备了基于 FeSiB 薄膜的悬臂梁结构应力传感器，发现应力作用下 FeSiB 薄膜的最大阻抗变化和灵敏度因子分别高达 140%和 18000。Shin 等[46]采用磁控溅射的方法制备了 FeCoSiB 薄膜,最小可以探测到 0.2×10⁻⁶的微应变。此外,结合逆磁致伸缩效应和巨磁电阻或隧穿磁电阻效应,还可以制备成微弱应力传感器。例如, Quandt 等[47]在 Si 衬底上设计了基于 FeCo 磁致伸缩材料的磁性隧道结应力传感器,其应变敏感系数达到 300~600。

拉曼光谱柔性应力传感器是一类通过记录敏感材料的拉曼光谱信号在应力作用下的平移而探测形变的新型传感器件。Han 等[48]利用光纤光栅制备的拉曼光谱柔性应力传感器具有微应变为 5.3×10^{-6} 的的探测灵敏度。Yu 等[49]在 PET 上制备了基于石墨烯片的拉曼柔性应力传感器,利用在应变下的石墨烯二维拉曼扫屏图明显的红移现象,实现了−7.8 cm⁻¹/%超高灵敏度的拉伸应变检测(图 3.14)。

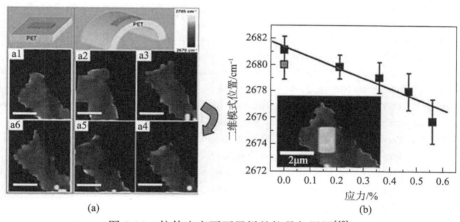

图 3.14　拉伸应变下石墨烯的拉曼扫屏图[49]

3.3　总结和展望

传感器是实现信息获取的关键,而柔性应力传感器则是电子材料、器件和产品实现柔性化、便携化和智能化的关键和核心器件之一,也是众多柔性传感器中应用最为广泛的元件。IDTechEX 预测,柔性应力传感器在 2015~2025 年的年复合增长率将超过 40%,位居所有可穿戴传感器的第一位,表明柔性应力传感器拥有巨大的发展空间。当前,柔性应力传感器已经可以探知超过人类触觉探测极限的 1Pa 以下的压力,意味着未来机器手臂等可以感知更低的压力,进而拓展人类的感知能力。当然,由于柔性应力传感器普遍由导电功能材料与高分子材料复合而成,这些传感器还普遍存在着回复性差、回滞大、精度低、可靠性差等诸多问题,解决这些问题对于推进柔性传感器的应用至关重要。

参 考 文 献

[1] Kim D-H. Rogers J A. Stretchable electronics: materials strategies and devices. Adv. Mater., 2008, 20: 4887-4892.

[2] Kim D H, Lu N, Ma R, et al. Epidermal electronics. Science, 2011, 333: 838-843.

[3] Someya T, Sekitani T, Iba S, et al. A large-area, flexible pressure sensor matrix with organic field-effect transistors for artificial skin applications. Proc. Natl. Acad. Sci. U. S. A., 2004, 101: 9966-9970.

[4] Forrest S R. The path to ubiquitous and low-cost organic electronic appliances on plastic. Nature, 2004, 428: 911-918.

[5] Rogers J A, Bao Z, Baldwin K, et al. Paper-like electronic displays: large-area rubber-stamped plastic sheets of electronics and microencapsulated electrophoretic inks. Proc. Natl. Acad. Sci. U. S. A., 2001, 98: 4835-4840.

[6] Schwartz G, Tee B C, Mei J, et al. Flexible polymer transistors with high pressure sensitivity for application in electronic skin and health monitoring. Nat. Commun., 2013, 4: 1859-1867.

[7] Crone B, Dodabalapur A, Lin Y Y, et al. Large-scale complementary integrated circuits based on organic transistors. Nature, 2000, 403: 521-523.

[8] Park J, Lee Y, Hong J, et al. Tactile-direction-sensitive and stretchable electronic skins based on human-skin-inspired interlocked microstructures. ACS Nano, 2014, 8: 12020-12029.

[9] Oh J Y, Park J T, Jang H J, et al. 3D-transistor array based on horizontally suspended silicon nano-bridges grown via a bottom-up technique. Adv. Mater., 2014, 26: 1929-1934.

[10] Park J, Lee Y, Hong J, et al. Giant tunneling piezoresistance of composite elastomers with interlocked microdome arrays for ultrasensitive and multimodal electronic skins. ACS Nano, 2014, 8: 4689-4697.

[11] Yan C, Wang J, Kang W, et al. Highly stretchable piezoresistive graphene-nanocellulose nanopaper for strain sensors. Adv. Mater., 2014, 26: 2022-2027.

[12] Chun K Y, Oh Y, Rho J, et al. Highly conductive, printable and stretchable composite films of carbon nanotubes and silver. Nat. Nanotechnol., 2010, 5: 853-857.

[13] Chen L, Chen G H, Lu L. Piezoresistive behavior study on finger-sensing silicone rubber/graphite nanosheet nanocomposites. Adv. Funct. Mater., 2007, 17: 898-904.

[14] Choong C-L, Shim M-B, Lee B-S, et al. Highly stretchable resistive pressure sensors using a conductive elastomeric composite on a micropyramid array. Adv. Mater., 2014, 26: 3451-3458.

[15] Wang X, Gu Y, Xiong Z, et al. Silk-molded flexible, ultrasensitive, and highly stable electronic skin for monitoring human physiological signals. Adv. Mater., 2014, 26: 1336-1342.

[16] Su B, Gong S, Ma Z, et al. Mimosa-inspired design of a flexible pressure sensor with touch sensitivity. Small, 2015, 11: 1886-1891.

[17] Jung S, Kim J H, Kim J, et al. Reverse-micelle-induced porous pressure-sensitive rubber for wearable human-machine interfaces. Adv. Mater., 2014, 26: 4825.

[18] Han J-W, Kim B, Li J, et al. Flexible, compressible, hydrophobic, floatable, and conductive carbon nanotube-polymer sponge. Appl. Phys. Lett., 2013, 102: 051903.

[19] Yao H B, Ge J, Wang C F, et al. A flexible and highly pressure-sensitive graphene-polyurethane

sponge based on fractured microstructure design. Adv. Mater., 2013, 25: 6692-6698.

[20] Hou C, Wang H, Zhang Q, et al. Highly conductive, flexible, and compressible all-graphene passive electronic skin for sensing human touch. Adv. Mater., 2014, 26: 5018-5024.

[21] Pan L, Chortos A, Yu G, et al. An ultra-sensitive resistive pressure sensor based on hollow-sphere microstructure induced elasticity in conducting polymer film. Nat. Commun., 2014, 5: 3002.

[22] He W, Li G, Zhang S, et al. Polypyrrole/silver coaxial nanowire aero-sponges for temperature-independent stress sensing and stress-triggered joule heating. ACS Nano, 2015, 9: 4244-4251.

[23] Witt G R. Electromechanical properties of thin-films and thin-film strain guage. Thin Solid Films, 1974, 22: 133-156.

[24] Chang N-K, Su C-C, Chang S-H. Fabrication of single-walled carbon nanotube flexible strain sensors with high sensitivity. Appl. Phys. Lett., 2008, 92.

[25] Liao X, Liao Q, Yan X, et al. Flexible and highly sensitive strain sensors fabricated by pencil drawn for wearable monitor. Adv. Funct. Mater., 2015, 25: 2395-2401.

[26] Amjadi M, Pichitpajongkit A, Lee S, et al. Highly stretchable and sensitive strain sensor based on silver nanowire-elastomer nanocomposite. ACS Nano, 2014, 8: 5154-5163.

[27] Muth J T, Vogt D M, Truby R L, et al. Embedded 3D printing of strain sensors within highly stretchable elastomers. Adv. Mater., 2014, 26: 6307-6312.

[28] Kim J Y, Ji S, Jung S, et al. 3D printable composite dough for stretchable, ultrasensitive and body-patchable strain sensors. Nanoscale, 2017: 9.

[29] Yamada T, Hayamizu Y, Yamamoto Y, et al. A stretchable carbon nanotube strain sensor for human-motion detection. Nat. Nanotechnol., 2011, 6: 296-301.

[30] Wang Y, Wang L, Yang T, et al. Wearable and highly sensitive graphene strain sensors for human motion monitoring. Adv. Funct. Mater., 2014, 24: 4666-4670.

[31] Luo S, Liu T. SWCNT/graphite nanoplatelet hybrid thin films for self-temperature-compensated, highly sensitive, and extensible piezoresistive sensors. Adv. Mater., 2013, 25: 5650-5657.

[32] Lu N, Lu C, Yang S, et al. Highly sensitive skin-mountable strain gauges based entirely on elastomers. Adv. Funct. Mater., 2012, 22: 4044-4050.

[33] Yao S, Zhu Y. Wearable multifunctional sensors using printed stretchable conductors made of silver nanowires. Nanoscale, 2014, 6: 2345-2352.

[34] Lee H-K, Chung J, Chang S-I, et al. Real-time measurement of the three-axis contact force distribution using a flexible capacitive polymer tactile sensor. J. Micromech. Microeng., 2011, 21: 035010.

[35] Tee B C K, Chortos A, Dunn R R, et al. Tunable flexible pressure sensors using microstructured elastomer geometries for intuitive electronics. Adv. Funct. Mater., 2014, 24: 5427-5434.

[36] Viry L, Levi A, Totaro M, et al. Flexible three-axial force sensor for soft and highly sensitive atificial touch. Adv. Mater., 2014, 26: 2659-2664.

[37] Frutiger A, Muth J T, Vogt D M, et al. Capacitive soft strain sensors via multicore-shell fiber printing. Adv. Mater., 2015, 27: 2440-2446.

[38] Choi T Y, Hwang B-U, Kim B-Y, et al. Stretchable, transparent, and stretch-unresponsive capacitive touch sensor array with selectively patterned silver nanowires/reduced graphene

oxide electrodes. ACS Applied Materials & Interfaces, 2017, 9: 18022-18030.

[39] Dagdeviren C, Su Y, Joe P, et al. Conformable amplified lead zirconate titanate sensors with enhanced piezoelectric response for cutaneous pressure monitoring. Nat. Commun., 2014, 5: 4496.

[40] Zhou J, Gu Y, Fei P, et al. Flexible piezotronic strain sensor. Nano Lett., 2008, 8: 3035-3040.

[41] Xiao X, Yuan L, Zhong J, et al. High-strain sensors based on ZnO nanowire/polystyrene hybridized flexible films. Nat. Commun., 2011, 23: 5440.

[42] Trung T Q, Tien N T, Seol Y G, et al. Transparent and flexible organic field-effect transistor for multi-modal sensing. Organic Electronics, 2012, 13: 533-540.

[43] Sun Q, Seung W, Kim B J, et al. Active matrix electronic skin strain sensor based on piezopotential-powered graphene transistors. Adv. Mater., 2015, 27: 3411-3417.

[44] Wang X, Zhang H, Yu R, et al. Dynamic pressure mapping of personalized handwriting by a flexible sensor matrix based on the mechanoluminescence process. Adv. Mater., 2015, 27: 2324-2331.

[45] Suwa Y, Agatsuma S, Hashi S, et al. Study of strain sensor using FeSiB magnetostrictive thin film. IEEE Trans. Magn., 2010, 46: 666-669.

[46] Shin K-H, Inoue M, Arai K-I. Strain sensitivity of highly magnetostrictive amorphous films for use in microstrain sensors. J. Appl. Phys., 1999, 85: 5465-5467.

[47] Quandt E, Ludwig A. Magnetostrictive actuation in microsystems. Sens. Actuators, A, 2000, 81: 275-280.

[48] Han Y G, Tran T V A, Kim S H, et al. Multiwavelength Raman-fiber-laser-based long-distance remote sensor for simultaneous measurement of strain and temperature. Optics Letters, 2005, 30: 1282-1284.

[49] Yu T, Ni Z, Du C, et al. Raman mapping investigation of graphene on transparent flexible substrate: the strain effect. J. Phys. Chem. C, 2008, 112: 12602-12605.

第4章　柔性环境传感材料与传感器

随着现代社会的飞速发展，人们需要准确量化地描述所处环境的物理状态。这一要求不仅体现在人们对工作环境的精确掌握和控制方面，同时也体现在对生活环境状态的关注和了解方面。因此，人们对环境的监测的要求也越来越高。湿度、温度、气体等环境传感器能够精确地测量相关环境信息，从而最大限度地满足用户对被测物数据的测试、记录和存储需求。另外，柔性可穿戴设备的逐渐兴起对传统的刚性电子器件提出了柔性的要求，因而柔性环境传感器的相关研究也得到了极大的关注和重视。本章主要介绍具有湿度传感、温度传感、气体传感等功能的柔性环境传感材料与传感器。

4.1　湿度传感器

4.1.1　湿度传感器的简介

自然界大气中含有水汽的多少可以表示为大气的干湿程度，用湿度来表示，即湿度是表示大气干湿程度的物理量。湿度传感器是一种能感受气体中水蒸气含量，并转换成可衡量参数的传感器。随着现代信息产业的发展及工业化和全球一体化进程的逐渐加快，大气湿度不仅影响人类的基本生活条件，对电子行业、生物医药化妆品、食品储运、文物保管、档案管理、科学研究、国防建设等均有明显的影响。在这些领域内，湿度传感器发挥着越来越重要的作用。

水蒸气是空气的自然组成部分，水蒸气和空气混合物的相对湿度（RH）则定义为单位体积内水蒸气的压力 P_w 与同温度下饱和水蒸气压 P_s 的比值：

$$RH = P_w/P_s \times 100\% \tag{4.1}$$

相对湿度指示了空气中水蒸气接近饱和含量的程度。RH 越接近饱和值 100%，代表空气吸收水蒸气的能力越弱；反之越强。水的饱和蒸气压随温度的降低而下降；在同样的水蒸气压下，温度越低，空气的相对湿度越大。

4.1.2　湿度传感器的工作原理

湿度传感器的种类很多[1-6]，主要分为电容式湿度传感器、电阻式湿度传感器、光学式湿度传感器、称重式湿度传感器、压阻式湿度传感器以及磁弹式湿度传感器等。在实际应用中，用到的湿度传感器主要有电容式和电阻式两大类，下面我们着重介绍一下这两类湿度传感器的工作原理。

电容式湿度传感器：电容式湿度传感器的基本原理是环境湿度变化引起湿敏材料电容的介电常数发生变化，从而使其电容量发生变化；利用电路测算出电容的变化值，即可得知环境湿度的变化。目前电容式湿度传感器一般有三层立体结构和叉指平面结构，如图 4.1 所示。一般来说，平板电容器的电容可以通过下面的公式计算为

$$C(\%RH) = \varepsilon_r(\%RH)\,\varepsilon_0 A/g \tag{4.2}$$

式中，%RH 为环境的湿度；ε_r 和 ε_0 分别为介电材料和真空的介电常数；A 为平板面积；g 为平板间距。利用电容与介电常数的线性关系，可以获得环境湿度的信息。

图 4.1 电容式湿度传感器的一般结构

电阻式湿度传感器：电阻式湿度传感器的原理是利用空气中的水蒸气吸附在感湿膜上时材料的电阻率和电阻值发生变化制作而成。一般来说，这种类型的传感器主要利用以下三类材料：①陶瓷材料；②聚合物材料；③电解质材料。其结构和电容式湿度传感器相似，采用电阻材料作为对湿度敏感的介质层。其优点是灵敏度较高，主要缺点是电阻随湿度变化的线性度和产品的互换性差。

4.1.3　柔性湿度传感器

随着物联网信息时代的不断发展，用户对湿度传感器测量环境的范围、精度和稳定情况等性能参数提出了更高的要求。例如，希望湿度传感器在准确测量环境参数的前提下还能够具有透明、柔性、便于携带、可穿戴以及低成本、低能耗、易于制造和易集成到智能系统制造等特点。制造湿度敏感膜的方法主要包括自组装及纳米材料复合法，丝网印刷和喷墨打印等。下面将依次对柔性湿度敏感材料及器件进行简单的介绍。

1. 自组装及纳米材料复合法

利用吡咯在纤维素膜表面原位自组装发生聚合反应的方法可以获得纤维素-聚吡咯纳米复合材料。研究发现这一复合薄膜材料的介电性质具有湿度敏感性。如图 4.2 所示，采用这一薄膜制备的湿度传感器在对不同湿度具有很好的响应特性的同时，也具有很好的柔性[7]。Su 等利用原位光聚合效应合成了 TiO_2 纳米粒子-聚吡

咯纳米复合材料，并在柔性 PET 衬底上制备出一种新型柔性传感器。这种传感器具有更好的柔韧性、更高的灵敏度、更好的线性度（ $Y = -0.0655X + 9.5736$; $R^2 = 0.9972$ ）、小的回滞、快的响应速度（30s）、短的恢复时间（45s）、15～35℃湿度范围内小的温度效应（ $-0.07\%RH/℃$ ）以及长时间的稳定性等特性[8]。

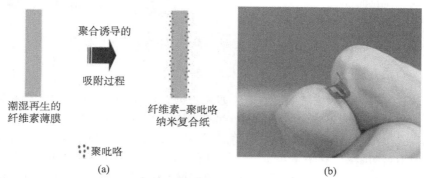

图 4.2　（a）纤维素–聚吡咯纳米复合材料的制造过程示意图；（b）制备的柔性湿度传感器[7]

　　2012 年，Su 等利用 Au 纳米粒子修饰聚酰胺-胺型树枝状高分子（PAMAM），然后将其沉积到柔性 PET 衬底上制备出一种新型柔性湿度传感器。这种传感器有很好的灵敏度和线性度（ $Y = -0.045X + 7.866$; $R^2 = 0.9693$ ），在 30%～90%RH 的相对湿度范围内回滞可以忽略（2%RH 以内）且响应速度快（40s）、恢复时间短（50s）以及时间稳定性高（至少 39 天）。同时，该柔性湿度传感器具有频率相关的线性度，在 15～35℃的温度范围内和 30%～90%RH 的相对湿度范围内温度效应仅为 $-0.55\%RH/℃$[9]。2015 年，同一课题组又以 PET 为柔性基底，采用溶胶–凝胶法制备功能层并开发一种阻抗式柔性湿度传感器。湿度敏感薄膜由金纳米粒子/氧化石墨烯/巯基氧基硅等组成，在 20%～90%RH 的湿度检测范围内具有很高的灵敏度和线性度，并具有回滞小（5.0% RH）、柔韧性好（ $D < 16.9\%$ ）、15～35℃温度效应小（ $-1.6\ \%RH/℃$ ）以及时间稳定性好的特点[10]。

　　2. 印刷打印方法

　　采用实验室的凹版印刷工艺可以将银纳米颗粒和聚 2-羟乙基甲基丙烯酸酯（PHEMA）印制在柔性 PET 衬底上，并制备具有叉指电极结构的电容式柔性湿度传感器（图 4.3）。这种湿度传感器的湿程测试范围为 30%～80% RH。对于厚度分别为 1μm 和 50μm 的传感器来说，当相对湿度从 30% RH 变到 80% RH 时，其电容的变化分别为 172%和 49%[11]。此外，使用喷墨打印技术也可获得柔性湿度传感器。例如，将基于全氟磺酸敏感层的柔性湿度传感器直接打印在纺织品上，其湿程测试范围达到 5 %～95 % RH，可以作为智能纺织物应用在可穿戴电子设备上[12]。

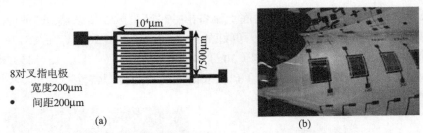

图 4.3 （a）打印的湿度传感器；（b）打印的湿度传感器阵列[11]

3. 其他方法

Wang 等利用过滤成膜法，使用聚四氟乙烯多孔膜（0.22μm）将木质素和还原的氧化石墨烯的混合溶液过滤制成湿度敏感薄膜，并组装成湿度传感器。这一传感器敏感性高，稳定循环性好，在弯折情况下仍能保持很好的循环性能[13]（图 4.4）。Lim 等利用丝网印刷工艺在聚酰亚胺柔性衬底上制备了一种尺寸为 2.0mm×3.0mm 的叉指型柔性电阻式微型湿度传感器。这种微型湿度传感器的灵敏度为 $\log\Omega$ /%RH，线性度为 $R^2 = 0.990$，回滞为 1.48 %RH，响应时间为 65s，温度系数为 0.50%RH/℃，其湿敏特性可以和制备在氧化铝衬底上的商业化湿度传感器相比拟[14]。Ataman 等在柔性聚酰亚胺衬底上制备了低功率的柔性湿度传感器，并且使用传统的纺织机器及工艺将其编入纺织物中。在编织的过程中，通过弯曲以及剪切应力引入机械形变，弯曲半径最小可以达到 165μm，所受应变达到 15%，可以满足一般纺织物的需求[15]

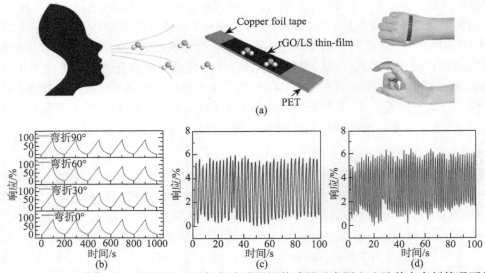

图 4.4 基于木质素和还原的氧化石墨烯复合膜柔性传感器示意图（a）及其在弯折情况下的表现（b），人体运动前（c）后（d）呼吸监测方面的应用[13]

综上所述，制备柔性湿度传感器的方法有很多种，制备出的柔性湿度传感器测量范围广、温度稳定性好。然而，这种传感器的发展大部分还处在实验室阶段，真正批量化生产还面临着更多挑战。

4.2　温度传感器

4.2.1　温度传感器的简介

温度是一种非常重要的物理量。在人们的日常生活中，温度测量无处不在，从空调到笔记本电脑，从工业生产到天气预报，都需要对温度进行测量和监控，以保障日常生活和生产活动的顺利进行[16]。例如，人体的正常体温基本稳定在 37℃左右，但是实际上人体从内脏到体表各部位的温度各不相同，这些温度对维持人体的生理活动和新陈代谢至关重要，如何更加准确地测量和监控这些温度将对医学诊断产生重要的参考价值。

4.2.2　温度传感器的工作原理

温度的测量依赖于传感器的发展，温度传感器是指能感受温度并将其转换成可用输出信号（如电压信号）的传感器。温度传感器的种类繁多，原理也各不相同（图 4.5），按照测量方式可分为接触式和非接触式两大类。

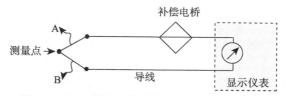

图 4.5　热电偶温度传感器的基本原理示意图

1. 接触式温度传感器

接触式温度传感器通过保持传感元件与被测物体之间达到热平衡，使得温度传感器的数值直接反映被测对象的温度。接触式测量的特点是具有较高的测量精度，但是不适合测量运动物体和热容量很小的对象。在接触式温度传感器中，常用的温度元件有双金属片温度元件、玻璃液体温度元件、电阻温度元件、热敏电阻元件和热电偶元件等。其中，双金属片温度元件和玻璃液体温度元件是基于固体热胀冷缩的原理制成的。电阻温度元件是根据导体电阻随温度而变化的规律来测量温度，其感温元件根据材料可以分为金属电阻温度计和半导体电阻温度计，其中用于金属电阻温度计的材料有铂、铜、铁、锗等；用于半导体电阻温度计的主要有碳和锗等。其中，铂电阻温度计具有很高的精度，并且其温度覆盖范围广，因而常用作测温的标准。热电偶温度计利用热电效应的原理进行温度测量。热电效应是指将两种不同成分的（半）导体 A 和 B 的两端分别焊接在一起，形成一个闭合回路，如果两个接点的温度不同，则回路中将产生一个电动势的现象。热电偶的热电动势的大小只与热电偶材料和两端的温度有关。热电偶传感元件由两根不同材质的金属导线组成，具有结构简单、精确度高、抗震等优点，是在工业生产中应用较为广泛的测温装置。

2. 非接触式温度传感器

非接触式温度传感器的敏感元件与被测对象相距一定的距离，通常用来测量运动物体和热容量小的物体的表面温度。最常用的非接触式测温仪基于黑体辐射的基本原理制成。根据普朗克公式可知，在波长固定的情况下，物体的单色辐射亮度只与其温度有关。同样，物体在整个波长范围内的辐射能量与其温度之间存在特定的函数关系，也可以用来设计非接触式温度传感器。这一类传感器中普遍为大家熟知的是红外测温仪。

4.2.3　柔性温度传感器

随着柔性传感器的发展，具有机械柔性的温度传感器成为近年研究的热点。尤其是开发集柔性和温度、湿度、力学传感于一体的具有类皮肤功能的电子皮肤，是当前研究的一个重要方向。

柔性温度传感器的基本原理是将具有温度传感的功能元件集成到具有机械柔性的基底材料上，形成柔性温度传感器。目前在柔性温度传感器中使用的功能元件主要为接触式传感元件，包括热电偶温度计、热电阻温度计和有机二极管三种。与其他柔性电子器件一样，柔性温度传感器制作上最大的难点在于如何保证大形变下电学元件和互联电路的稳定，具体包括：①金属是组成电路互联的最常用材料，但是金属难以承受大的形变；②有机材料可以实现柔性的功能，但是其电学性能往往不佳。目前大多采用将金属制作成一定几何形状的方法来实现器件的柔性化，如图 4.6 所示[17]。

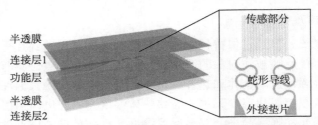

图 4.6　提高金属薄膜拉伸性能的一种几何设计方法：将金属薄膜设计成 S 形以提高其拉伸极限[17]

东京大学的 Someya 等通过将互连的塑性薄膜做成网状，成功实现了 25% 的拉伸效果[18]。在此基础上，他们采用镀 ITO 的 poly(ethylenenaphthalate)薄膜作为底电极，以 30nm 厚的 p 型半导体 CuPc 和 50nm 厚的 n 型半导体 3,4,9,10-PTCDI 作为敏感层，以 150nm 厚的金薄膜作为顶电极，成功地制备了基于有机二极管集成的柔性温度传感器。所制备的温度传感器在 30～160℃的温度范围内具有较好的响应，并且可以实现温度分布的测量。此外，也可以采用 graphite-polydimethylsiloxane 复合物[19]、纳米碳管-聚合树脂的复合物[20]、金属镍微米颗粒与 PE 等有机物的复合物[21]、纤维素-聚吡咯[7]等有机物与导电体混合的方法制备柔性的温度传感元件。鲍哲南等提出了一种基于无线传输的柔性温度传感器件，他们通过探索获得了电阻值随温度异常敏感的导电金属颗粒和有机体的复合物，其电阻值在一定的温度区间内随着温度的变动会发生几个数量级的变化[21]。在此基础上，利用传感器构成 RC 振荡电路并通过 RFID 天线读取由传感器电阻改变造成的 RC 振荡电路变化，发展了一种基于 RFID 原理的无线温度传感技术。Rogers 带领的研究组成功地演示了基于两种不同热敏元件的柔性温度传感器（图 4.7）[22]，其中一种是将金属薄膜用图案化的方法沉积到弹性衬底上，利用金属的热阻效应进行温度传感；另一种是将 PID 二极管与柔性 Si 膜结合起来，形成柔性的温度传感阵列。利用这两类柔性温度传感阵列制作的皮肤温度传感器具有可与红外温度传感器媲美的测试精度，同时也可以进行皮肤表面温度分布的测量，为人体皮肤温度的实时监测提供了重要技术手段。

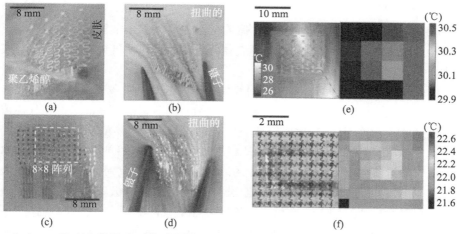

图 4.7 （a）4×4 阵列电阻温度型传感器贴在皮肤上的效果图和（b）用镊子夹持皮肤产生扭曲的效果图；（c）8×8 阵列 pn 结型传感器贴在皮肤上的效果图和（d）用镊子夹持皮肤产生扭曲的效果图；（e）4×4 阵列电阻温度型传感器贴在皮肤上的红外测试与温度分布图；（f）8×8 阵列 pn 结型温度传感器贴在皮肤上的红外测试与温度分布图[22]

Trung 等[23]制备出了一种基于全弹性体的透明可拉伸温度传感器，并展示其在用于人体温度探测的可穿戴电子器件上的潜在应用。Yokota 等[24]以半结晶的丙烯酸酯高分子和石墨为材料，制备出灵敏度高达 0.02℃、响应时间小于 0.1s、探测温度范围为

25～50℃的温度传感器。该传感器在弯折至 700μm 的曲率半径时依然可以正常工作，且具有较高的重复性。他们利用该传感器制备出温度传感器阵列，并成功演示器件对生物体组织温度分布的检测。朱道本等制备出一种基于结构框架支撑的有机热电材料柔性传感器，可实现温度和应力的测量[25]，其温度分辨率小于 0.1℃，应力灵敏度也高达 28.9kPa^{-1}。此外，该传感器通过热电效应还可以实现自供电的功能。王中林等也成功地实现基于柔性热电纳米发电机的温度传感器[26]，其传感元件由 Te 纳米线与 P3HT 的复合材料构成，温度响应时间为 17s，在大气压环境下的灵敏度为 0.15℃。这种自供能的特点也代表着柔性传感器的一种发展趋势。

4.3　气体传感器

大气环境污染问题引起了社会的广泛关注。开发新型轻便的、使用界面友好、可用于有毒有害气体检测的柔性气体传感器是电子器件领域的研究热点之一[27]。本节将简单介绍部分气体传感器的工作原理，列举一些最近报道的新型柔性电子气体传感器，并按照材料种类进行分类。

4.3.1　气体传感器的简介与工作原理

根据探测原理的不同，常见的气体传感器主要分为光学气体传感器和电子气体传感器，如红外气体传感器、电化学气体传感器、半导体气体传感器、电容式气体传感器等。

红外气体传感器的原理基于不同气体分子的近红外吸收光谱不同，此类传感器利用红外吸收峰的位置可以定性分析气体组分。同时，根据标准参考物气体浓度与吸收强度的关系（即朗伯-比尔定律）可以定量分析其气体浓度。

电化学气体传感器的工作原理是利用测量特定气体在电极处氧化或还原而产生的电化学电流从而分析得出该气体的浓度。电化学气体传感器包括正极、负极和电解质等结构，测试气体通过多孔膜扩散至相应的工作电极表面并发生氧化或还原反应。通过测量产生的电化学反应电流即可确定气体浓度。

半导体气体传感器的工作原理是利用气体在半导体表面发生物理吸附或化学吸附时的电子的转移效应所引起的半导体材料电阻的变化测量气体分子的浓度。氧气、氯气等具有吸电子倾向的气体被称为氧化性气体。氢气、一氧化碳等具有给电子倾向的气体被称为还原性气体。总的来说，当 n 型半导体表面与氧化性气体相互作用时，半导体内电子的浓度降低，使半导体导电能力减弱，即电阻增大；当还原性气体与 p 型半导体相互作用时，将使半导体内空穴的浓度降低，而使半导体导电能力减弱，电阻增大。相应的，当还原性气体与 n 型半导体相互作用时，或氧化性气体与 p 型半导体相互作用时，则半导体表面的载流子浓度增多，使半导体导电能力增强，电阻值下降。

电容式气体传感器中的敏感材料通常是具有选择吸附特性的多孔材料。当敏感材料吸附某一特定气体后，其电容会发生相应的改变。根据敏感材料电容的变化情况就能获得环境中的气体浓度信息。

4.3.2　柔性气体传感器

1. 基于金属氧化物纳米材料的柔性气体传感器

Ayesh 等将氧化铜纳米颗粒嵌入聚乙烯醇基体薄膜中，制得一种可用于检测 H_2S 的气体传感器。这种气体传感器对 H_2S 具有较高的选择性，响应灵敏，检测最低浓度为 10ppm（$1ppm=10^{-6}$），并且可重复使用，在石油脱硫净化产业方面具有潜在的应用价值[28]。Jaehwan Kim 等利用水热法在纤维素纳米晶膜上生长了氧化铁纳米颗粒并研究了其在柔性气体传感器方面的应用。他发现这种气体传感器在室温下对 NO_2 的探测非常敏感。由于纤维素的多孔特性，这一气体传感器具有反复探测的特点[29]。Park 等报道了一种基于 ZnO/石墨烯的柔性乙醇传感器，该传感器可以检测到低至 10ppm 浓度的乙醇气体，在 100 次弯折情况下（曲率半径为 8mm），传感器仍未损坏[30]。Bai 等报道了一种利用氧化锌为牺牲模板的氧化锡/聚氨酯的柔性气体传感器。其制备过程及气体传感选择性如图 4.8 所示，这一传感器对三乙胺气体具有高度选择性，可检测 10ppm 的三乙胺气体，并且器件弯曲前后气体传感器性能未发生变化[31]。

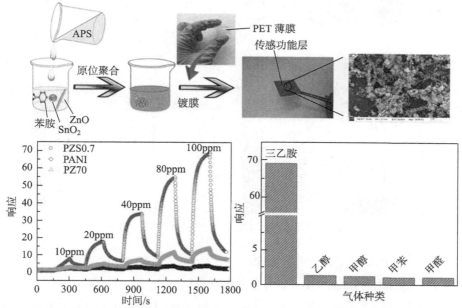

图 4.8　利用氧化锌为牺牲模板的氧化锡/聚氨酯的柔性气体传感器制备过程及气体传感选择性[31]

2. 基于碳材料的柔性气体传感器

Manohar 报道了一种基于纯有机物的柔性气体传感器。这种传感器利用喷墨打印技术将碳纳米管打印到纸张或布上，可在室温条件下探测 NO_2 和 Cl_2 气体，探测的灵敏度达到了亚 ppm 级并且在弯折多次的情况下性能保持不变[32]，如图 4.9 所示。Choi 报道了一种利用碳纳米管/还原石墨烯复合材料作为感应材料，以聚酰亚胺薄膜为衬底的柔性 NO_2 气体传感器。与未经掺杂的还原石墨烯相比，碳纳米管/还原石墨烯复合材料具有更高的灵敏度。此外，由于还原石墨烯薄膜具有较高的柔性，这一传感器在弯折条件下仍表现出较高的稳定性。经过弯折（至曲率半径 15mm）并复原后，传感器的电阻可恢复到初始状态；在弯折条件下，传感器对 NO_2 气体的电阻响应曲线与未弯折时一致[33]。

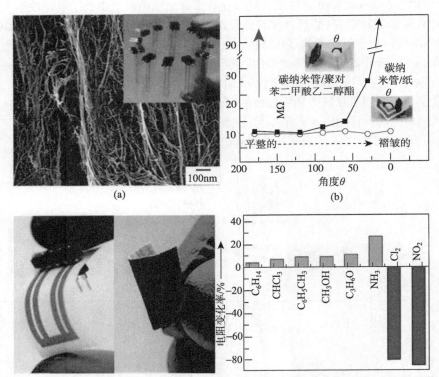

图 4.9 基于碳纳米管/纸的气体传感器及其气体敏感性测试和抗弯折性能测试[32]

3. 基于量子点的柔性气体传感器

量子点(quantum dots，QDs)是由有限数目的原子组成、三个维度尺寸均在纳米数量级的一类球形或类球形的纳米材料。量子点是在纳米尺度上的原子和分子的集合体，既可由 II.VI 族元素(如 CdS、CdSe、CdTe、ZnSe 等)或 III.V 族元素(如 InP、

InAs 等)等半导体材料组成，也可以由碳量子点材料等组成。作为一种新型的半导体纳米材料，量子点与气体发生吸附作用时，气体对量子点材料的电学性质影响较为明显。Tang 等报道了一种基于 PbS 胶状量子点（colloidal quantum dots）和纸质衬底的柔性气体传感器，具有对 NO_2 响应快速、灵敏度高及完全可恢复的特点。通过研究这一传感器的工作机制，Tang 等发现 NO_2 气体与 PbS 量子点表面较好地接触以及两者之间的键合能是这一气体传感器灵敏快速检测的关键[34]。Salehi 等报道了一种基于 S/N 掺杂的石墨烯量子点和聚氨酯复合材料的柔性气体传感器。这一传感器可以用来检测氨气，而量子点的加入则使聚氨酯对 NH_3 气体（100ppm）的检测信号强度提升了 5 倍，如图 4.10 所示。出现该现象的原因可能是量子点的加入提高了体系内的空穴载流子浓度，同时增强了氨气分子与功能层的相互作用[35]。

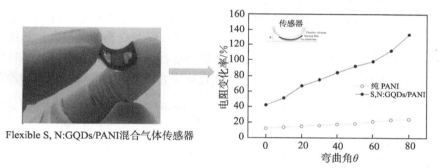

图 4.10　基于量子点的柔性气体传感器在不同弯折状态下对 NH_3 气体的传感[35]

4. 基于离子液体的柔性气体传感器

离子液体是在某一温度下呈现液态的离子盐类物质，因此被称为离子液体，或者被称为低温熔融盐。其熔点较低，主要原因是阴离子或阳离子结构中某些官能团的不对称性使这些离子不能堆积成规则有序的晶体。离子液体的特点主要包括稳定、导电、较高的黏度、较低的蒸汽压及具有固液态双重性等，因此可以同时起到电极和电解液的作用。Zeng 等报道了一种基于离子液体、Pt 和多孔特氟隆薄膜的 CH_4 气体传感器。该传感器基于电化学原理而工作，使用[C_4mpy][NTf_2]作为离子液体，具有很好的稳定性，基线偏移仅为 0.3vol%，探测灵敏度 3000ppm，如图 4.11 所示[36]。

5. 基于配位化合物的柔性气体传感器

配位化合物是由金属离子与有机配体组成的一类有机无机杂化材料。通过分子晶体学方法，选择合适的金属离子和有机配体，可以获得具有零维、一维、二维、三维分子结构的配位化合物。配位化合物的电学性质、光学性质及磁学性质等物理性质可以通过对组成其结构的单元的选择进行调控。因此，配位化合物具有非

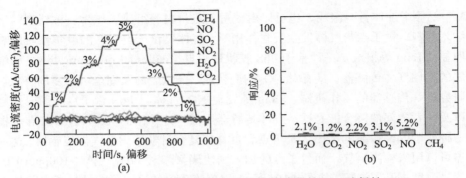

图 4.11　基于离子液体的柔性气体传感器的 CH₄ 选择性

常高的结构可设计性和可调节性能。Chehimi 等报道了一种基于钴酞菁（Cobalt-phthalocyanine，CoPC）的柔性化学电阻式气体传感器。在室温下，这一薄膜对氨气表现了很高的灵敏度（5～50ppm）、选择性以及较快的探测回复速度，如图 4.12 所示。由于这一薄膜在弯折过程中产生了大量的活性点位，其化学电阻传感特性在弯折中得到了增强[37]。在众多种类的配位化合物中，具有三维孔道分子结构的配位

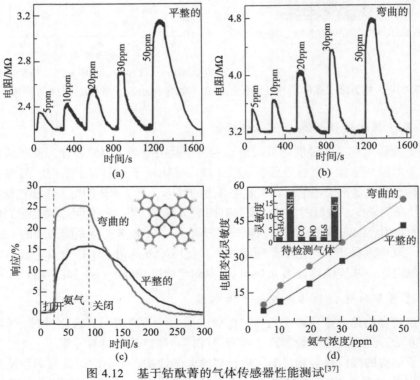

图 4.12　基于钴酞菁的气体传感器性能测试[37]

化合物被称为金属有机框架结构（metal-organic framwork，MOF）[38-41]。这类材料具有非常丰富的孔道及较高的比表面积，因此对气体有很好的吸附和脱附特性。但由于大部分 MOF 都是绝缘特性，限制了其在基于电子气体传感器方面的应用[42]。近期，有关 MOF 材料的研究表明，通过合理的设计，MOF 材料的导电性可以得到显著提高（薄膜导电率 40S/m，体电导率 2S/m）[43]。从气体传感器应用的角度看，具有较高导电性且多孔的 MOF 材料是一种非常有前景的气体传感器活性材料。Mircea Dincă 等报道了一种基于二维导电 MOF 的氨气气体传感器，这种传感器在空气中的检测极限可以达到 5ppm[44]。因此，这一类型的材料也得到了科学界的关注。尽管如此，利用 MOF 材料并基于柔性衬底的气体传感器鲜有报道，我们认为这将是未来柔性气体传感器的重要发展方向之一。

4.4　总结与展望

综上所述，柔性环境传感器已经引起研究人员的兴趣，相关的原型器件的开发也备受关注。然而，要真正实现柔性传感器的应用还面临重要挑战，主要包括以下方面：① 工艺稳定可靠的柔性电路制作方法。当前虽然有一些制备柔性电路的方法，但是这些方法存在制作工艺复杂、难以大面积制备等缺点，难以被广泛采用。采用打印的方法制备柔性电子器件可能是未来发展的重要方向，可能为柔性传感器的制作提供解决方案。②多功能传感元件的探索。受电子皮肤这一概念的激发，如何获得具有媲美皮肤功能的多功能柔性传感元件对于开发智能传感器和智能机器人等具有重要意义。

参 考 文 献

[1] Lee C Y, Lee G B.Humidity sensors: A review. Sensor Letters, 2005, 3:1-15.

[2] Rittersma Z M. Recent achievements in miniaturised humidity sensors—a review of transduction techniques. Sensors and Actuators A: Physical, 2002, 96: 196-210.

[3] Wohltjen H. Mechanism of operation and design considerations for surface acoustic wave device vapour sensors. Sensors and Actuators, 1984, 5: 307-325.

[4] Barandiaran J M, Gutierrez J. Magnetoelastic sensors based on soft amorphous magnetic alloys. Sensors and Actuators A: Physical, 1997, 59: 38-42.

[5] Barandiaran J M, Gutierrez J, Gómez-Polo C. New sensors based on the magnetoelastic resonance of metallic glasses. Sensors and Actuators A: Physical, 2000, 81: 154-157.

[6] Stoyanov P G, Grimes C A. A remote query magnetostrictive viscosity sensor. Sensors and Actuators A: Physical, 2000, 80: 8-14.

[7] Mahadeva S K, Yun S, Kim J. Flexible humidity and temperature sensor based on cellulose-polypyrrole nanocomposite. Sensors and Actuators A: Physical, 2011, 165: 194-199.

[8] Su P G, Wang C P. Flexible humidity sensor based on TiO$_2$ nanoparticles-polypyrrole-poly-[3-(methacrylamino)propyl] trimethyl ammonium chloride composite materials. Sensors and Actuators B: Chemical, 2008, 129: 538-543.

[9] Su P G, Shiu C C. Electrical and sensing properties of a flexible humidity sensor made of polyamidoamine dendrimer-Au nanoparticles. Sensors and Actuators B: Chemical, 2012, 165: 151-156.

[10] Su P G, Shiu W L,Tsai M S. Flexible humidity sensor based on Au nanoparticles/graphene oxide/thiolated silica sol-gel film. Sensors and Actuators B: Chemical, 2015, 216: 467-475.

[11] Reddy A S G, Narakathu B B, Atashbar M Z, et al. Fully printed flexible humidity sensor. Procedia Engineering, 2011, 25: 120-123.

[12] Weremczuk J, Tarapata G, Jachowicz R. Humidity sensor printed on textile with use of ink-jet technology. Procedia Engineering, 2012, 47: 1366-1369.

[13] Chen C Z, Wang X L, Li M F, et al. Humidity sensor based on reduced graphene oxide/lignosulfonate composite thin-film. Sensors and Actuators B: Chemical, 2018, 255: 1569-1576.

[14] Lim D I, Cha J R, Gong M S. Preparation of flexible resistive micro-humidity sensors and their humidity-sensing properties. Sensors and Actuators B: Chemical, 2013, 183: 574-582.

[15] Ataman C, Kinkeldei T, Vasquez-Quintero A, et al. Humidity and temperature sensors on plastic foil for textile integration. Procedia Engineering, 2011, 25: 136-139.

[16] Samson A J, Sogaard M, Hendriksen P V. (Ce,Gd)O$_2$-delta-based dual phase membranes for oxygen separation. J. Membrane. Sci., 2014, 470:178-188.

[17] Chen Y, Lu B W, Chen Y H, et al. Breathable and Stretchable Temperature Sensors Inspired by Skin. Sci. Rep., 2015, 5: 11505.

[18] Someya T, Kato Y, Sekitani T, et al. Conformable, flexible, large-area networks of pressure and thermal sensors with organic transistor active matrixes. Proceedings of the National Academy of Sciences of the United States of America, 2005, 102: 12321-12325.

[19] Shih W P, Tsao L C, Lee C W, et al. Flexible temperature sensor array based on a graphite-polydimethylsiloxane composite. Sensors, 2010, 10: 3597.

[20] Sibinski M, Jakubowska M, Sloma M. Flexible temperature sensors on fibers. Sensors (Basel, Switzerland), 2010, 10: 7934-7946.

[21] Jeon J, Lee H B R, Bao Z. Flexible wireless temperature sensors based on Ni microparticle-filled binary polymer composites. Advanced Materials, 2013, 25: 850-855.

[22] Webb R C, Bonifas A P, Behnaz A, et al. Ultrathin conformal devices for precise and continuous thermal characterization of human skin. Nat. Mater., 2013, 12: 1078-1078.

[23] Trung T Q, Ramasundaram S, Hwang B U, et al. An all-elastomeric transparent and stretchable temperature sensor for body-attachable wearable electronics. Advanced Materials, 2016, 28: 502-509.

[24] Yokota T, Inoue Y, Terakawa Y, et al. Ultraflexible, large-area, physiological temperature sensors for multipoint measurements. Proceedings of the National Academy of Sciences, 2015, 112: 14533-14538.

[25] Zhang F J, Zang Y P, Huang D Z, et al. Flexible and self-powered temperature-pressure

dual-parameter sensors using microstructure-frame-supported organic thermoelectric materials. Nature communications, 2015, 6: 8356.

[26] Yang Y, Lin Z H, Hou T, et al. Nanowire-composite based flexible thermoelectric nanogenerators and self-powered temperature sensors. Nano Research, 2012, 5: 888-895.

[27] Kaushik A, Kumar R, Arya S K, et al. Organic-inorganic hybrid nanocomposite-based gas sensors for environmental monitoring. Chem. Rev., 2015, 115: 4571-4606.

[28] Ayesh A I, Abu-Hani A F S, Mahmoud S T, et al. Selective H_2S sensor based on CuO nanoparticles embedded in organic membranes. Sensors and Actuators B: Chemical, 2016, 231: 593-600.

[29] Sadasivuni K K, Ponnamma D, Ko H U, et al. Flexible NO_2 sensors from renewable cellulose nanocrystals/iron oxide composites. Sensors and Actuators B: Chemical, 2016, 233: 633-638.

[30] Yi J, Lee J M, Park W I. Vertically aligned ZnO nanorods and graphene hybrid architectures for high-sensitive flexible gas sensors. Sensors and Actuators B: Chemical, 2011, 155: 264-269.

[31] Quan L, Sun J H, Bai S L, et al. A flexible sensor based on polyaniline hybrid using ZnO as template and sensing properties to triethylamine at room temperature. Applied Surface Science, 2017, 399: 583-591.

[32] Ammu S, Dua V, Agnihotra S R, et al. Flexible, all-organic chemiresistor for detecting chemically aggressive vapors. J. Am. Chem. Soc., 2012, 134: 4553-4556.

[33] Jeong H Y, Lee D S, Choi H K, et al. Flexible room-temperature NO_2 gas sensors based on carbon nanotubes/reduced graphene hybrid films. Appl. Phys. Lett., 2010, 96: 666.

[34] Liu H, Li M, Voznyy O, et al. Physically flexible, rapid-response gas sensor based on colloidal quantum dot solids. Adv. Mater., 2014, 26: 2718-2724.

[35] Gavgani J N, Hasani A, Nouri M, et al. Highly sensitive and flexible ammonia sensor based on S and N co-doped graphene quantum dots/polyaniline hybrid at room temperature. Sensor Actuat B-Chem, 2016, 229: 239-248.

[36] Wang Z, Guo M, Baker G A, et al. Methane-oxygen electrochemical coupling in an ionic liquid: a robust sensor for simultaneous quantification. Analyst, 2014, 139: 5140-5147.

[37] Singh A, Kumar A, Kumar A, et al. Bending stress induced improved chemiresistive gas sensing characteristics of flexible cobalt-phthalocyanine thin films. Appl. Phys. Lett., 2013, 102: 4.

[38] Farha O K, Hupp J T. Rational design, synthesis, purification, and activation of metal-organic framework materials. Accounts of Chemical Research, 2010, 43: 1166-1175.

[39] Song X Z, Song S Y, Zhang H J. Luminescent lanthanide metal-organic frameworks// Lanthanide Metal-organic Frameworks. Cheng P. Editor. Berlin: Springer-Verlag Berlin, 2015.

[40] Stavila V, Talin A A, Allendorf M D. MOF-based electronic and opto-electronic devices. Chem. Soc. Rev., 2014, 43: 5994-6010.

[41] Meyer L V, Schonfeld F, Muller-Buschbaum K. Lanthanide based tuning of luminescence in MOFs and dense frameworks - from mono- and multimetal systems to sensors and films. Chem. Commun., 2014, 50: 8093-8108.

[42] Stassen I, Burtch N, Talin A, et al. An updated roadmap for the integration of metal-organic frameworks with electronic devices and chemical sensors. Chem. Soc. Rev., 2017, 46: 3185-3241.

[43] Sheberla D, Sun L, Blood-Forsythe M A, et al. High electrical conductivity in $Ni_3(2, 3, 6, 7, 10, 11$-hexaiminotriphenylene)$_2$, a semiconducting metal-organic graphene analogue. J. Am. Chem. Soc., 2014, 136: 8859-8862.

[44] Campbell M G, Sheberla D, Liu S F, et al. Cu_3(hexaiminotriphenylene)$_2$: an electrically conductive 2D metal-organic framework for chemiresistive sensing. Angew. Chem. Int. Ed., 2015, 54: 4349-4352.

第5章　柔性光敏感材料与光探测器

5.1　引　　言

光探测器是基于光电效应[1,2]即光子激发电子-空穴对所形成的光电流来探测光信号的半导体器件。光探测器在军事及国民经济的各个领域，如航空航天、军事国防、信息技术、数字成像、生物分析、环境监测、工业自动控制、高精度测量等方面都具有极其重要而广泛的用途。近年来，随着柔性电子学的发展以及人们对便携化、娱乐化和健康化可穿戴电子器件需求的不断增加，柔性电子器件逐渐受到科研界及产业界的广泛重视。作为柔性电子器件的重要一员，柔性光探测器由于具有可任意拉伸、弯折、扭曲等特点，能够依附于各种不同的表面结构，可以实现便携化和可移植化，从而拓宽了应用场合与领域。例如，可依附于皮肤表面的紫外线贴片能够帮助人们实时监测所处环境的紫外线辐射情况；具有生物兼容性的柔性可植入可见光探测器可以帮助盲人恢复视觉等。柔性光探测器的研究和发展与人们的生活、健康息息相关。

本章首先介绍光探测原理、光探测器所关注的主要性能参数、主要的器件结构及各自的特点，然后重点介绍近年来用于柔性光探测器的主要材料及性能，最后对柔性光探测器的研究现状进行总结与展望。

5.2　光探测器基本原理、性能参数及主要器件结构

5.2.1　光探测基本原理

通常来讲，光探测器在工作过程中包括三个基本的光电过程[3,4]：①入射光被吸收产生光生载流子；②通过某些电流增益机制形成载流子的有效输运和倍增；③载流子形成端电流，输出电信号。半导体光电效应与光子的能量 hv 密切相关，即电子的能量变化与光波长密切相关，可用下式表示：

$$\lambda = \frac{hc}{\Delta E} = \frac{1240}{\Delta E(\text{eV})}(\text{nm}) \tag{5.1}$$

式中，λ 为光波长，c 为光速，ΔE 为电子吸收光子后能级的变化。光子能量 $hv > \Delta E$ 时也能引起载流子的激发过程，式(5.1)通常表示光探测器的长波探测极限。在本征

激发过程中，跃迁能量差 ΔE 为半导体的能隙，即禁带宽度；在非本征激发过程中，跃迁能量差 ΔE 可以是杂质能级和带边的能量差，如图 5.1 所示。因此，根据不同材料的不同光谱响应范围，在不同应用场合选择所需要光探测器类型和半导体材料。

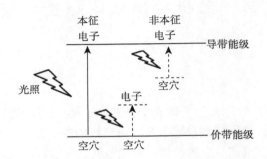

图 5.1　带间本征激发过程和杂质能级与导带或价带之间的非本征激发过程示意图

5.2.2　光探测性能参数

　　光探测器[4]的主要作用是利用光电转换实现光信号的探测，因而在实际应用中有一些基本的参数来衡量光探测器的性能。首先是光吸收系数，表示半导体材料对光的吸收特性，它一方面反映出光能否被吸收并产生光激发，另一方面可以反映光具体在哪里被吸收。光吸收系数越大，说明光被吸收得越多，尤其是光进入半导体后在其表面处更容易被吸收；光吸收系数越小，那么光就可以深入半导体内部。若光子能量小于半导体材料的禁带宽度，则该光子不能被半导体材料吸收，可以穿透半导体材料。因此光吸收系数决定了光探测器的量子效率，即单个光子产生的载流子数目，可用如下公式表示：

$$\eta = \frac{I_{\mathrm{ph}}}{q\Phi} = \frac{I_{\mathrm{ph}}}{q}\left(\frac{h\nu}{P_{\mathrm{opt}}}\right) \tag{5.2}$$

式中，I_{ph} 为光电流；Φ 为光子通量，等于 $P_{\mathrm{opt}}/h\nu$；P_{opt} 为光功率。理想情况下量子效率为 1，即每个光子都可以激发一个电子产生光电流，但是光生载流子复合造成的电流损失、不完全吸收及反射等因素会使量子效率降低。

　　除量子效率外，另一个重要参数是响应度 R，同样是描述器件光电转换能力的物理量，其大小可以为平均输出的光电流与平均输入的光功率的比值，单位为 A/W：

$$R = \frac{I_{\mathrm{ph}}}{P_{\mathrm{opt}}} \tag{5.3}$$

引入式(5.3)，则响应度 R 也可表示为

$$R = \frac{\eta q}{h\nu} \tag{5.4}$$

由此可见，光探测器的响应度与材料、光波长有关。

光探测器的响应速度是非常重要的参数，特别是对于光通信系统。当光信号以非常高的速度被打开和关闭时，光探测器的响应速度与数字传输数据的速度相比应该足够快。影响光探测器响应速度的因素有很多，载流子寿命越短，响应速度越快，但缺点是暗电流较大；耗尽层宽度越窄，渡越时间越短；电容也应该足够小，也就是耗尽层宽度要宽。所以需要综合考虑多种因素以达到器件整体性能的优化[5]。

为了进一步提高信号强度，一些光探测器有内部的增益机制，而不同的器件结构增益则有所不同。在简单光电导器件中，光电流的增益可以表示为

$$G = \tau \left(\frac{1}{t_{\mathrm{m}}} + \frac{1}{t_{\mathrm{rp}}} \right) \tag{5.5}$$

式中，τ 为载流子寿命，t_{m} 和 t_{rp} 分别为电子和空穴通过两个电极的渡越时间。可见，增益取决于载流子寿命和渡越时间之比，因此为获得更高的增益，应增加载流子寿命或缩短电极之间的距离。

除了获得强的信号外，降低噪声也非常重要，因为噪声的大小决定了最小可探测的信号强度。产生噪声的因素很多，如暗电流，即未受到光照时的电流值，还有背景辐射、热噪声、散粒噪声、闪烁噪声（$1/f$ 噪声）等。热噪声是相互独立的，它们一起构成总噪声，其相关优值为噪声等效功率（NEP），它相当于在 1Hz 带宽内信噪比为 1 时所需的均方根入射光功率。

最后，探测率 D^* 定义为

$$D^* = \frac{\sqrt{AB}}{NEP} \tag{5.6}$$

式中，A 为面积，B 为带宽，探测率 D^*的单位为 cm·Hz$^{1/2}$/W。它是功率为 1 W 的入射光照到面积为 1cm^2 的探测器上时的信噪比（1Hz 带宽下测量）。

在实际应用中，应综合考虑多种参数来设计和选择光探测器，达到所需性能最优化。光探测器的性能除了与半导体材料有关外，与器件结构也密切相关。

5.2.3　光探测器件结构

1. 光电导器件结构

光电导是由半导体薄膜或块材以及与半导体两端形成欧姆接触的电极构成的，如图 5.2 所示。光照射到半导体材料上，可激发半导体价带或杂质能级上的电子使其发生本征或非本征跃迁，增加载流子浓度，从而增加电导率[6]。光电导因其结构简单、价格低廉及性能稳定的特点受到人们的关注。利用半导体材料的非本征跃迁，可以使光电导器件无须采用窄带隙材料就可以用于长波红外探测（10~30 μm）[7-9]。

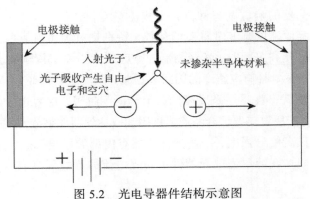

图 5.2   光电导器件结构示意图

2. 光电二极管

1）P-(I)-N 结构光电二极管

P-(I)-N 结构光电二极管[10-12]是最常用的光电探测器之一。其中，P-I-N 结构光电二极管是 P-N 结构光电二极管中的特殊情况，如图 5.3 所示。由于 P-N 结构光电二极管的耗尽区非常薄，部分光在耗尽区以外就被吸收，因而量子效率降低。相应地，光吸收对光电流在耗尽区以外大于一个扩散长度的区域内没有贡献。此外，扩散过程是一个慢过程，比漂移过程要慢得多，导致 P-N 光电二极管比 P-I-N 光电二极管的响应速度低。通过调节 P-I-N 界面的耗尽区宽度（本征 I 层厚度）可以得到最佳的综合性能。

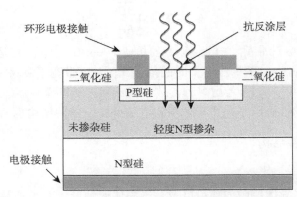

图 5.3   P-I-N 光电二极管结构示意图

2）金属-半导体结构光电二极管

金属-半导体结构光电二极管可作为高效光电探测器（图 5.4）。这种光电二极管根据光子能量的不同，具有两种工作模式。当光子能量大于半导体带隙时，光激发半导体内价带电子至导带，产生电子空穴对；当光子能量小于半导体带隙时，光可激发金属内的电子越过势垒，至半导体一侧。第二种机制通常用来测量势垒高度。工作在可见光和紫外区域的金属–半导体光电二极管比较常见。金属–半导体二极管具有速度高、无须窄带隙半导体即可实现长波探测等优点[13-16]。

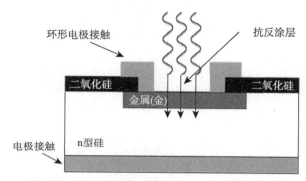

图 5.4 肖特基势垒结构光电二极管结构示意图

3）雪崩光电二极管

雪崩光电二极管[17-19]（avalanche photodiodes, APD，图 5.5）在雪崩倍增的高反向偏压下工作。当一个光子激发一个电子时，这个电子在电场作用下加速在材料内部发生碰撞，导致碰撞电离，产生多个电子；这些电子在电场作用下加速，直至发生下一次碰撞，产生更多的电子，直到全部电子被对电极收集为止。雪崩倍增效应造成了内部的高电流增益，但高增益的代价是噪声增加。因此，必须综合考虑雪崩效应的增益和噪声特性。

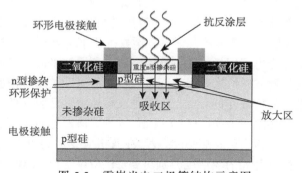

图 5.5 雪崩光电二极管结构示意图

4）光电晶体管结构

通过内部双极晶体管的作用，光电晶体管可以有更高的增益（图 5.6），同时，光电晶体管的结构和制造工艺要比光电二极管复杂得多，且面积较大，高频特性较差。但是光电晶体管工作电压较低，而且没有与雪崩效应相关的高噪声[20-22]。

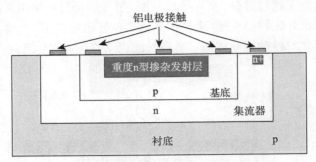

图 5.6　光电晶体管结构示意图

5.3　柔性光探测器的材料

　　光探测器的柔性化就是在柔性衬底、柔性光电材料以及柔性电极的基础上实现器件的可拉伸、可弯折、可扭曲等[23,24]。柔性光探测器的实现主要依赖于柔性化过程中依然能保持优异光电探测性能的半导体材料的研究与探索。

　　目前用于柔性光电探测器的半导体材料多种多样。这里按照化学成分、材料或器件维度，以及材料对光的响应波段的不同，对当前研究的几种用于柔性光电探测器的半导体材料进行介绍。

　　1．按化学成分划分

　　1）无机材料

　　硅是经典的无机半导体材料，具有性能稳定、制备工艺成熟等优点，已经普遍用于刚性的光电探测器领域。当硅材料的厚度达到纳米级时就变成了一种柔性薄膜，可用于柔性二极管、柔性薄膜晶体管、柔性太阳能电池以及柔性光电探测器等柔性电子器件及柔性光电子器件。Seo 及其合作者利用纳米硅薄膜制备了柔性光晶体管，光可以直接照射在硅纳米薄膜上而被吸收。另外，纳米硅薄膜下面的电极可以作为光反射层进一步增加光的吸收，从而使该柔性纳米薄膜晶体管在低电压下具有很高的光/暗电流比和很高的响应度（图 5.7）[3]。该器件对于不同颜色光的响应度不同，在蓝光照射下最高可达到 50A/W。在弯折应变达到 0.8%的情况下，器件对于红、绿、蓝三种颜色光的响应度分别可到 21 A/W、42 A/W、52 A/W，而光/暗电流比最高可达 10^5。这种基于柔性硅纳米薄膜的光晶体管在弯折条件下仍然具有较高的光响应度和光/暗电流比，可用于柔性光探测器。

　　另外，一些用于紫外线探测的 ZnO、GaN 等宽禁带半导体材料也可实现柔性化。Peng 及其合作者利用片状 GaN 制备了自供能柔性光探测器，通过施加应变可进一步调控光电流的大小[26]，如图 5.8 所示。这种 GaN 柔性光开关的光/暗电流比为 4.67 × 10^5，检测灵敏度达 1.78 × 10^{12} cm·Hz^{0.5}/W。此外，由于 GaN 材料具有压电光电子特性，因而可以通过应变调控其压电极化电场，进而影响器件的光电特性。

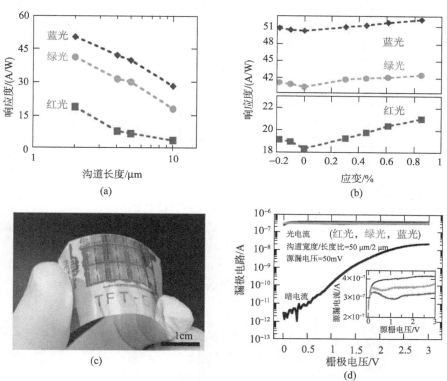

图 5.7　基于柔性纳米硅薄膜的柔性光晶体管的基本性能[25](后附彩图)

2）有机材料

通常情况下，有机材料比无机材料更加柔软、易拉伸弯折，因此更适合用于制备柔性电子器件。Deng 及其合作者利用有机铅三碘化物钙钛矿材料（organolead triiodide perovskite）制备了稳定、透明的柔性光探测器（图 5.9）。当弯折角度从 0° 增加到 80° 时，器件光电流仅衰减约 20%；当器件反复弯折 10000 次时，光电流变化小于 10%。同时，该光探测器阵列响应度和探测度分别为 0.1A/W 和 1.02 × 10^{12} Jones，开关比和响应时间分别为 300 和 0.3ms，在柔性光探测器领域具有很大的应用潜力。除此之外，还有很多的有机材料可用于构建柔性光探测器。例如，基于钌复合物改性的(Ru-complex 1-modified) BPE-PTCDI 的柔性光探测器响应度可达到 7230A/W，探测度约为 1.9 × 10^{13}Jones，弯折 10000 次性能基本保持不变[28]。

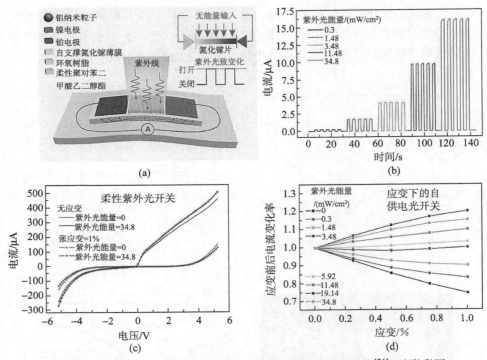

图 5.8   基于片状 GaN 的柔性紫外光开关器件结构及基本性能[26] (后附彩图)

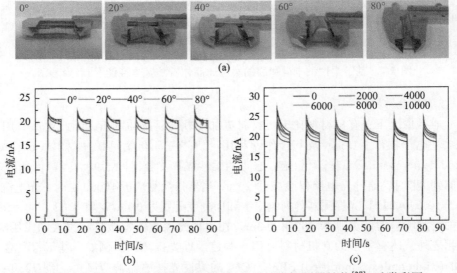

图 5.9   基于有机铅三碘化物钙钛矿材料的柔性光探测器性能[27] (后附彩图)

2. 按材料或器件维度划分

1）二维材料

二维材料通常只具有单原子层的厚度，并且具有极其丰富的物理化学性质，可用于制备小尺寸晶体管、透明导电电极和传感器等。其中，石墨烯因具有极高的电子迁移率而可用于高速光探测器；同时石墨烯的二维平面结构也使其成为制备柔性电子和光电子器件的重要材料之一。2009 年，IBM 研究组报道了第一个基于石墨烯材料的光探测器，在 300~6000nm 的波长范围内具有宽频和快速（40GHz）响应的特性[29-31]。Liu 及其合作者首次报道了基于石墨烯的大面积、柔性、全透明的红外光探测器（图 5.10）[32]，同时具有高响应度和弯折能力。此外，二硫化钼（MoS_2）、二硫化钨（WS_2）等二维半导体材料也可以用于制备光探测器。2016 年，Xue 及其合作者制备了基于二维半导体材料 MoS_2/WS_2 的垂直范德瓦耳斯异质结柔性光探测器[33]，利用两种二维材料之间的电荷转移实现光电信号转换。

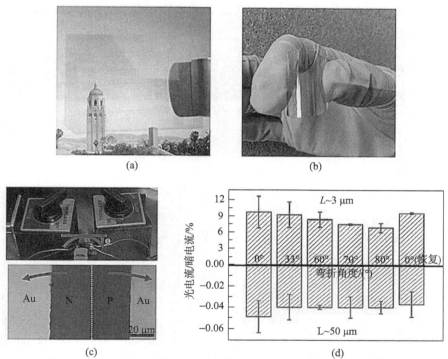

图 5.10 大面积、柔性、全透明的石墨烯红外光探测器性能[32]

近年来，具有 ABX_3 结构的卤化物钙钛矿半导体材料因其优异的光电响应特性以及可用于制备太阳能电池、LED、光探测器、半导体激光器等多种光电子器件的潜力，引起了研究人员的广泛关注。2016 年，Song 及其合作者合成了超薄二维

$CsPbBr_3$ 纳米片并利用其制备了柔性的光探测器，如图 5.11 所示[34]。该器件的最大光/暗电流比大于 10000，在 10V 电压下 515nm 的外量子效率为 53%。弯折情况下，器件光电流基本保持不变；反复弯折 10000 次后，光电流基本无衰减。

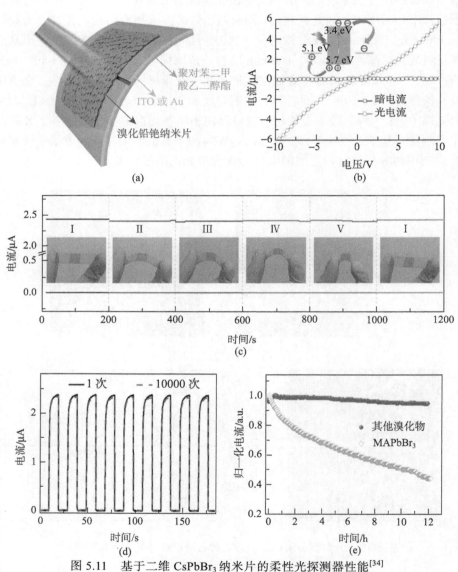

图 5.11   基于二维 $CsPbBr_3$ 纳米片的柔性光探测器性能[34]

2）一维材料

碳纳米管具有质量轻、半导体特性优异、力学强度大和化学调控性好等诸多特点。2016 年，Huang 报道了基于碳纳米管的 P-N 结柔性光探测器[35]，如图 5.12 所示。随着红外线强度的增加，器件的光生电压呈线性增加。当器件弯折高度 h 从 0mm 增加到 4mm 时，光生电压和光响应度均出现降低；当 h 减小到 0mm 后，光响应度恢复到初始状态，表明撤去形变后这种基于一维碳纳米管的柔性红外探测器的探测性能是可恢复的。除碳纳米管外，ZnO 纳米线等宽禁带半导体纳米线同样可以用于制备高性能柔性光探测器。2014 年，Liu 报道了基于一维 ZnO 纳米线的柔性光探测器。该光探测器具有优异的性能，最大光电流增益可达到 $2.6×10^7$，响应度为 $7.5×10^6 A/W$，探测度约为 $3.3×10^{17}$ Jones；而且，在 $-30\sim30 cm^{-1}$ 的弯折曲率变化范围内，该器件在不同电压下读取的光电流相对比较稳定，在柔性光探测器应用中具有很大的潜力[36]。此外，基于钙钛矿、$Pb_{1-x}Sn_xTe$、InAs、AlGaAs 以及 GaInSb 等一维纳米线材料的柔性光探测器也具有优异的光电性能[37-41]。

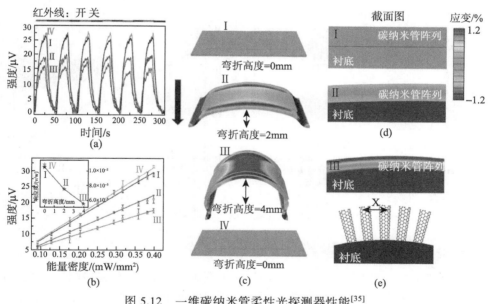

图 5.12　一维碳纳米管柔性光探测器性能[35]

3）零维材料

量子点是一种由有限数目的同元或异元原子所组成、在三个维度上均为纳米量级的化合物半导体材料。量子点具有许多优异的物理化学性质，已被广泛应用于生命科学、电子信息以及发光显示等多个研究领域。由于量子点的禁带宽度和量子点尺寸大小息息相关，所以可以通过调控量子点尺寸来调节其光电性能。PbS 量子点是比较典型的半导体量子点材料，已经广泛用于光探测器的研究领域。2016 年，Saran 等总结了近年来 PbS 量子点用于光探测器的研究。与 GaP、Si、InGaAs、PbS

块材和 PbSe 块材相比，PbS 量子点具有更宽的光谱响应范围，利用其制备的光晶体管响应度和探测度均达到最高[42]。2012 年，Sun 及其合作者将石墨烯和硫化铅（PbS）量子点结合，制备了响应度接近 10^7 的超高灵敏近红外光柔性探测器（图 5.13），器件弯折 1000 次后响应度依然保持不变[43]。

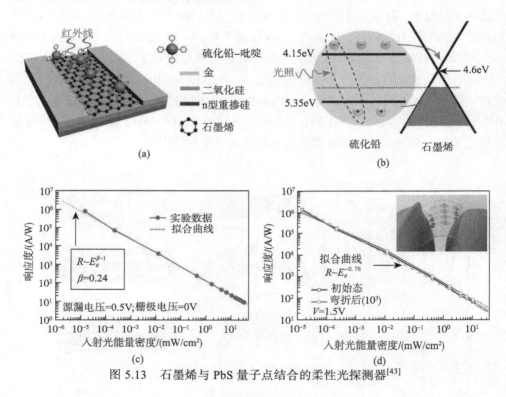

图 5.13   石墨烯与 PbS 量子点结合的柔性光探测器[43]

3. 按响应波段划分

不同响应波段的光探测器具有不同的应用领域。例如，紫外光探测器广泛用于环境监测、辐射监测、国防领域等；可见光探测器可用于 CCD、CMOS 成像、监控，以及相机和摄像机等；红外光探测器主要用于测量、成像、夜视，以及通信等领域。应用于不同响应波段的光探测器之间最主要的区别是采用了具有不同能带结构的半导体材料。

1）紫外波段（200～380nm）

紫外光探测器的半导体工作介质一般选择 ZnO、GaN、SiC 等宽禁带半导体。2015 年，Gutruf 及其合作者制备了性能稳定的柔性 ZnO 紫外探测器阵列（图 5.14）。该器件在反复弯折条件下性能依然保持稳定，可以用于柔性紫外图像传感器件中[44]。

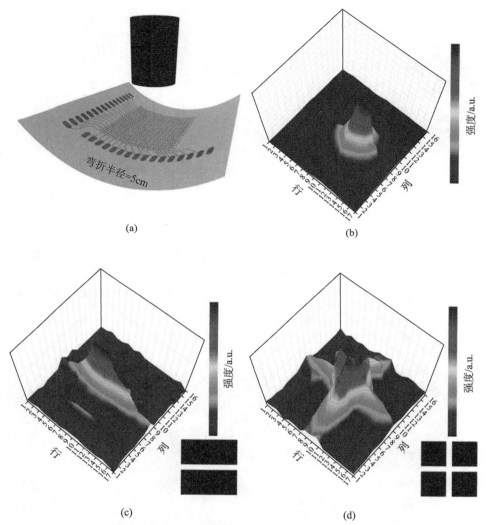

(a)   (b)

(c)   (d)

图 5.14 ZnO 柔性紫外探测器阵列性能[44](后附彩图)

2）可见波段（380~780nm）

可见光探测器中所采用的硅、卤化物钙钛矿以及 PbS 量子点等半导体工作介质的禁带宽度一般在 1.5~3.3eV。2016 年 Deng 将卤化物钙钛矿（$CH_3NH_3PbI_3$）微米线用于柔性可见光探测器中[45]，发现该柔性光探测器具有从 400nm 到 750nm 的可见光宽频响应行为，光/暗电流比约为 10^5，并且在 50 天的测试时间内基本没有变化（图 5.15）。在 650nm 可见光照射下，当弯折半径从 18mm 减小到 5mm 时，器件的光/暗电流基本保持稳定。

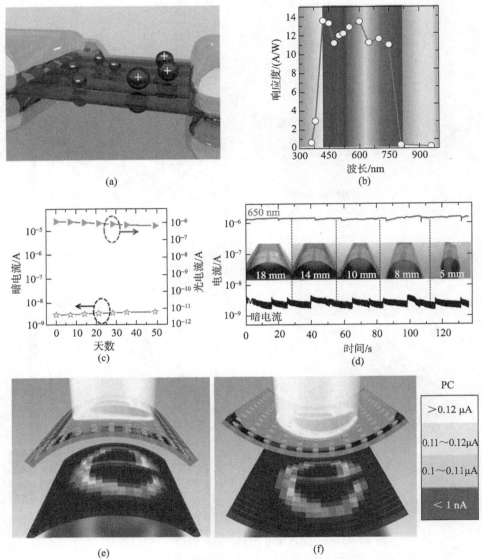

图 5.15   卤化物钙钛矿微米线柔性可见光探测器性能[45]

3）红外波段（780~2526nm）

红外光探测器中所采用的石墨烯量子点、InGaAs、锗、PbS、PbSe、$Pb_{1-x}Sn_xTe$ 等半导体工作介质的禁带宽度一般小于 1.5eV。2016 年 Wang 及其合作者利用 $Pb_{1-x}Sn_xTe$ 纳米线制备了柔性红外探测器（图 5.16），在 800nm 红外线下以 7mm 的弯折半径反复弯折 1000 次，该器件的响应度从 276 A/W 逐渐减小到 209 A/W，但是仍然比硅、AlGaAs 等红外探测器的响应度高[38,46,47]。

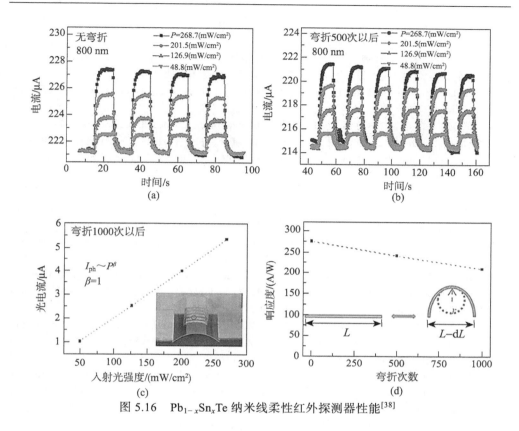

图 5.16　$Pb_{1-x}Sn_xTe$ 纳米线柔性红外探测器性能[38]

5.4　总结与展望

　　本章简要介绍了光探测器的基本原理、性能参数和基本器件结构，并从不同角度介绍了近年来用于柔性光探测器的多种材料，包括：从材料的化学成分可分为有机材料和无机材料；从材料尺度可分为二维材料、一维纳米线和零维量子点；从响应波段可分为紫外响应、可见响应和红外响应材料等。每种材料都有各自的优缺点，通过优化材料及器件结构可以提高光探测器的性能，另外也可以通过不同材料的复合得到性能更加优异的柔性光探测器。

　　虽然当前可用于柔性光探测器的材料和器件结构多种多样，但是想要投入到实际应用中，还需要仔细选择衬底材料，认真设计器件结构并精心优化介质材料，以达到最优的器件性能。当前刚性的光探测器技术已经非常成熟，在人们生活的各个领域发挥着极其重要的作用。在未来，随着柔性及可穿戴设备的普及，柔性光探测器必然会成为其中的重要一员[48-50]，在人类的健康、医疗、娱乐等多个领域发挥重要作用。

参 考 文 献

[1] 黄昆,谢希德. 半导体物理学. 北京：科学出版社, 1958.

[2] 西格.半导体物理学. 徐乐,钱建业,译. 北京:人民教育出版社, 1980.

[3] Pankove J I, Kiewit D A. Optical Processes in Semiconductors. Englewood Clifts: Prentice-Hall, 1971.

[4] Moss T S, B G T, Euis B. Semiconductor Opto-electronics. London: Butterworths, 1973.

[5] Zhu F R. Semitransparent organic solar cells. In Progress in High-Efficient Solution Process Organic Photovoltaic Devices: Fundamentals, Materials, Devices and Fabrication, 2015, 130: 375-408.

[6] Dean A A B. Light-Emitting Diodes. Oxford: Clarendon, 1976.

[7] Dai, X, Tchernycheva, M, Soci C. Compound semiconductor nanowire photodetectors. In Semiconductors and Semimetals, 2016, 94: 75-107.

[8] Cesar C L. Quantum dots as biophotonics tools. Methods in molecular biology (Clifton, NJ) 2014, 1199: 3-9.

[9] Biswas S, Shalev O, Shtein M. Thin-film growth and patterning techniques for small molecular organic compounds used in optoelectronic device applications. In Annual Review of Chemical and Biomolecular Engineering, 2013, 4: 289-317.

[10] Cetinkaya H G, Yildinm M, Durmus P, et al. Correlation between barrier height and ideality factor in identically prepared diodes of $Al/Bi_4Ti_3O_{12}/p$-Si (MFS) structure with barrier inhomogeneity. Journal of Alloys and Compounds, 2017, 721: 750-756.

[11] Demirezen S, Kaya A, Altindal S, et al. The energy density distribution profile of interface traps and their relaxation times and capture cross sections of Au/GO-doped PrBaCoO nanoceramic/n-Si capacitors at room temperature. Polymer Bulletin, 2017, 74 (9): 3765-3781.

[12] Sun J, Guo Q, Yu X, et al. Characteristics of p-i-n diodes basing on displacement damage detector. Radiation Physics and Chemistry, 2017, 139: 11-16.

[13] Al-Wafi R. Optoelectronic properties of Al/n-Si/ $Bi_4Ti_3O_{12}$/Au photosensor. Silicon, 2017, 9 (5): 657-661.

[14] Chen Y H, Wun J M, Wu S L, et al. Top-illuminated $In_{0.52}Al_{0.48}As$-based avalanche photodiode with dual charge layers for high-speed and low dark current performances. IEEE Journal of Selected Topics in Quantum Electronics, 2018, 24 (2).

[15] Das S, Das U. InAs/GaSb Type-II superlattice photodiode array inter-pixel region blue-shift by femtosecond (fs) laser anneal. Semiconductor Science and Technology, 2017, 32 (9): 095006.

[16] Niu Y, Frisenda R, Svatek S A, et al. Photodiodes based in $La_{0.7}Sr_{0.3}MnO_3$/single layer MoS_2 hybrid vertical heterostructures. 2d Materials, 2017, 4 (3).

[17] Zheng L X, Hu H, Weng Z Q, et al. Compact active quenching circuit for single photon avalanche diodes arrays. Journal of Circuits Systems and Computers 2017, 26 (10): 1750149.

[18] Napiah Z A F M, Gyobu R, Hishiki T, et al. Characterizing silicon avalanche photodiode fabricated by standard 0.18 mu m CMOS process for high-speed operation. Ieice Transactions on Electronics, 2016, E99C (12): 1304-1311.

[19] Zheng J, Wang L, Wu X, et al. A PMT-like high gain avalanche photodiode based on GaN/AlN periodically stacked structure. Applied Physics Letters, 2016, 109 (24).

[20] Kumar D V, Pandey A K, Basu R, et al. Simulated characteristics of a heterojunction phototransistor with Ge1-xSnx alloy as base. Optical Engineering, 2016, 55 (12):127103.

[21] Namgung S, Shaver J, Oh S H, et al. Multimodal photodiode and phototransistor device based on two-dimensional materials. ACS Nano, 2016, 10 (11): 10500-10506.

[22] Park Y, Lee S, Park H J, et al. Hybrid metal-halide perovskite-MoS₂ phototransistor. Journal of Nanoscience and Nanotechnology, 2016, 16 (11): 11722-11726.

[23] Ng K K, Sze S M. Physics of Semiconductor Devices. 3rd Edition.

[24] Dutton H J R. Understanding Optical Communications. IBM 1998 (First edition).

[25] Seo J H, Zhang K, Kim M, et al. Flexible phototransistors based on single-crystalline silicon nanomembranes. Advanced Optical Materials, 2016, 4 (1): 120-125.

[26] Peng M, Liu Y, Yu A, et al. Flexible self-powered GaN ultraviolet photoswitch with piezo-phototronic effect enhanced on/off ratio. ACS Nano, 2016, 10 (1): 1572-1579.

[27] Deng H, Yang X, Dong D, et al. Flexible and semitransparent organolead triiodide perovskite network photodetector arrays with high stability. Nano Letters, 2015, 15 (12): 7963-7969.

[28] Liu X, Lee E K, Kim D Y, et al. Flexible organic phototransistor array with enhanced responsivity via metal-ligand charge transfer. ACS Applied Materials & Interfaces, 2016, 8 (11): 7291-7299.

[29] Xia F, Mueller T, Golizadeh-Mojarad R, et al. Photocurrent imaging and efficient photon detection in a graphene transistor. Nano Letters, 2009, 9 (3): 1039-1044.

[30] Mueller T, Xia F, Avouris P. Graphene photodetectors for high-speed optical communications. Nat Photon, 2010, 4 (5): 297-301.

[31] Xia F, Mueller T, Lin Y M, et al. Ultrafast graphene photodetector. Nat Nano, 2009, 4 (12): 839-843.

[32] Liu N, Tian H, Schwartz G, et al. Large-area, transparent, and flexible infrared photodetector fabricated using P-N junctions formed by N-doping chemical vapor deposition grown graphene. Nano Letters, 2014, 14 (7): 3702-3708.

[33] Xue Y, Zhang Y, Liu Y, et al. Scalable production of a few-layer MoS₂/WS₂ vertical heterojunction array and its application for photodetectors. ACS Nano, 2016, 10 (1): 573-580.

[34] Song J, Xu L, Li J, et al. Monolayer and few-layer all-inorganic perovskites as a new family of two-dimensional semiconductors for printable optoelectronic devices. Advanced Materials, 2016, 28 (24): 4861-4869.

[35] Huang Z, Gao M, Yan Z, et al. Flexible infrared detectors based on p-n junctions of multi-walled carbon nanotubes. Nanoscale, 2016, 8 (18): 9592-9599.

[36] Liu X, Gu L, Zhang Q, et al. All-printable band-edge modulated ZnO nanowire photodetectors with ultra-high detectivity. Nature Communications 2014, 5: 4007.

[37] Zhu P, Gu S, Shen X, et al. Direct conversion of perovskite thin films into nanowires with kinetic control for flexible optoelectronic devices. Nano Letters, 2016, 16 (2): 871-876.

[38] Wang Q, Li J, Lei Y, et al. Oriented growth of $Pb_{1-x}Sn_xTe$ nanowire arrays for integration of flexible infrared detectors. Advanced Materials, 2016, 28 (18): 3596-3601.

[39] Miao J, Hu W, Guo N, et al. High-responsivity graphene/InAs nanowire heterojunction near-infrared photodetectors with distinct photocurrent on/off ratios. Small, 2015, 11 (8): 936-942.

[40] Dai X, Zhang S, Wang Z, et al. GaAs/AlGaAs nanowire photodetector. Nano Letters, 2014, 14 (5): 2688-2693.

[41] Ma L, Hu W, Zhang Q, et al. Room-temperature near-infrared photodetectors based on single heterojunction nanowires. Nano Letters, 2014, 14 (2): 694-698.

[42] Saran R, Curry R J. Lead sulphide nanocrystal photodetector technologies. Nature Photonics, 2016, 10 (2): 81.

[43] Sun Z, Liu Z, Li J, et al. Infrared photodetectors based on CVD-grown graphene and PbS quantum dots with ultrahigh responsivity. Advanced Materials, 2012, 24 (43):5878-5883.

[44] Gutruf P, Walia S, Sriram S, et al. Visible-blind UV imaging with oxygen-deficient zinc oxide flexible devices. Advanced Electronic Materials, 2015, 1 (12).

[45] Deng W, Zhang X, Huang L, et al. Aligned single-crystalline perovskite microwire arrays for high-performance flexible image sensors with long-term stability. Advanced Materials, 2016, 28 (11): 2201-2208.

[46] Kadlec E A, Olson B V, Goldflam M D, et al. Effects of electron doping level on minority carrier lifetimes in n-type mid-wave infrared InAs/InAs$_{1-x}$Sb$_x$ type-II superlattices. Applied Physics Letters, 2016, 109 (26): 261105.

[47] Santos A J R W A, Giacomini G X, Bersch P, et al. Inorganic and organic structures as interleavers among bis(1-methyl-3-(p-carboxylatephenyl)triazenide 1-oxide)Ni(II) complexes to form supramolecular arrangements. Journal of Molecular Structure, 2016, 1125: 426-432.

[48] Fan L, Tao Y, Wu X, et al. HfX$_3$ (X = Se and S)/graphene composites for flexible photodetectors from visible to near-infrared. Materials Research Bulletin, 2017, 93: 21-27.

[49] Gomathi P T, Sahatiya P, Badhulika S. Large-area, flexible broadband photodetector based on ZnS-MoS$_2$ hybrid on paper substrate. Advanced Functional Materials, 2017, 27 (31).

[50] Huang Z, Gao M, Pan T, et al. Interface engineered carbon nanotubes with SiO$_2$ for flexible infrared detectors. Applied Surface Science, 2017, 413: 308-316.

第6章　柔性磁传感和存储材料与器件

6.1　引　　言

柔性电子器件具有柔韧性、易携带、潜在的低成本制造等优点，在医疗、信息、能源、国防等领域具有重要的应用前景，已经引起了人们广泛的关注。最理想的柔性电子设备，比如柔性可穿戴设备，要求其所有组成器件具有柔韧性，包括柔性电源、柔性电路、柔性显示、柔性传感、柔性存储等。可见，如何实现传统功能器件的柔性化，认识应力/应变环境下器件功能特性的演化规律已经成为一个非常重要的问题。另外，磁性传感与存储器件是电子信息器件的重要组成部分。在柔性衬底上制备磁性薄膜与器件并研究其功能特性，是发展柔性磁传感和存储器件的重要基础。本章将介绍几类柔性磁传感和存储材料与器件。

6.2　可弯曲柔性磁传感器

1996 年，为了开发用于磁带、软盘、硬盘的柔性巨磁电阻读出磁头，IBM 公司的 Parkin 研究组率先利用磁控溅射方法在柔性聚对苯二甲酸乙二醇酯(PET)膜、透明幻灯片、两种聚酰亚胺膜以及刚性的 Si 衬底上制备了 85Å $Ni_{81}Fe_{19}$/22.5Å Cu/32Å $Ni_{81}Fe_{19}$/100Å $Fe_{46}Mn_{54}$ 柔性巨磁电阻自旋阀多层膜。其中 FeMn 层与相邻的 NiFe 层由于交换偏置（exchange bias）效应构成磁性钉扎层[1]。柔性巨磁电阻自旋阀样品表现出 3%的巨磁电阻率，与刚性 Si 基样品基本相同，如图 6.1 所示。2002 年，南京大学的研究人员利用电化学沉积方法在重掺杂的聚吡咯导电膜上制备了 [Co(2nm)/Cu(3nm)]$_{30}$ 多层膜，在室温下表现出 4%的巨磁电阻率[2]。

6.2.1　柔性巨磁电阻多层膜传感器

2008 年，德国 Oliver G. Schmidt 研究组首次提出了柔性磁电子学的概念[3]，他们在柔性聚酯塑料衬底上制备了[Co(1nm)/Cu(1nm)]$_n$多层膜，其中 n 为薄膜结构的周期数。选用的 Cu 层厚度为 1nm，使得相邻的磁性层具有第一级最强的反铁磁层间耦合。在柔性聚酯衬底、光刻胶涂覆的聚酯衬底以及 Si 衬底上生长相同的 [Co(1nm)/Cu(1nm)]$_{10}$ 多层膜，Si 衬底的样品表现出 12.3%的巨磁电阻率，聚酯衬底的样品巨磁电阻率稍低于 Si 基样品，而经过缓冲层平整后的聚酯衬底样品巨磁电阻率相比 Si 基样品有明显提高，达到 19.5%，如图 6.2 所示。

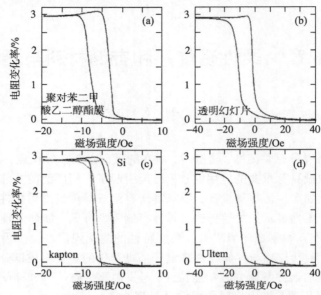

图 6.1　生长在（a）聚对苯二甲酸乙二醇酯膜，（b）透明幻灯片，（c）Kapton 与（d）Ultem 聚酰亚胺膜上的柔性巨磁电阻自旋阀多层膜（85Å $Ni_{81}Fe_{19}$/22.5Å Cu/32Å $Ni_{81}Fe_{19}$/100Å $Fe_{46}Mn_{54}$）的磁电阻曲线；生长在 Si 上的刚性参考样品的磁电阻曲线见（c）[1]

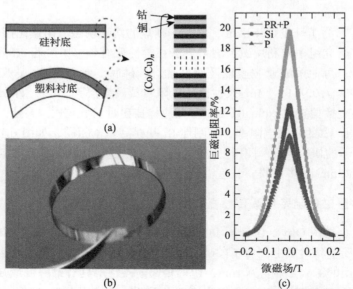

图 6.2　（a）$(Co/Cu)_n$ 巨磁电阻多层膜的样品结构示意图与生长在柔性聚酯衬底的样品实物图；（b）生长在柔性聚酯衬底（P），光刻胶涂覆的聚酯衬底（PR+P）以及 Si 衬底上的 [Co(1nm)/Cu(1nm)]$_{10}$ 多层膜的巨磁电阻曲线[3]（c）

对于巨磁电阻多层膜，磁性层之间形成反铁磁耦合至关重要，改变磁性层之间的非磁性金属层的厚度可以显著改变磁性层之间由 Ruderman-Kittel-Kasuya-Yosida（RKKY）效应导致的交换耦合强度，从而影响薄膜的巨磁电阻性质。以生长在柔性聚酯衬底上的[Co(1nm)/Cu(t nm)]$_{30}$样品为例，随着 Cu 层的厚度 t_{Cu} 从 0.89nm 增加到 1.06nm，样品的巨磁电阻率先升高后下降，在 1nm 处达到最大，此时相邻的磁性层具有最大的第一级反铁磁层间耦合强度，如图 6.3 所示。另外，拉伸衬底将导致薄膜伸长，从而非磁性层的厚度也会发生微小的改变。在很小的拉伸应变情况下（$\varepsilon < 3\%$），样品的长度变为 $L_\varepsilon = L_0 (1+\varepsilon)$，忽略样品宽度的变化，根据金属薄膜体积不变的原理，可以得到非磁性 Cu 层的厚度变化为 $t_\varepsilon = t_0 / (1+\varepsilon)$，其中 L_0 和 L_ε 为拉伸前与拉伸后样品的长度，t_0 和 t_ε 为拉伸前与拉伸后 Cu 层的厚度。公式表明 1%~3%的拉伸应变会导致 Cu 层厚度降低 0.99%~2.9%，相应地会导致巨磁电阻率变化 10%~50%。当 Cu 层厚度大于最佳反铁磁耦合厚度 t_{AFM} 时，随着样品的拉伸，Cu 层厚度降低，巨磁电阻率逐渐提高；当 Cu 层厚度小于最佳厚度时，样品的巨磁电阻率则随着拉伸应变逐渐降低；当 Cu 层厚度接近并稍大于最佳厚度时，样品的巨磁电阻率随着拉伸应变先升高而后逐渐降低，如图 6.4 所示。

用于磁场探测的柔性磁场传感器，应该可以在一定的弯曲或拉伸形变状态下都保持很高的磁场灵敏度，其性能不应该随着形变而发生改变。金属薄膜在拉伸状态下，一方面，薄膜厚度会发生变化，从而导致磁传感性能的改变；另一方面，磁性材料普遍存在磁致伸缩及其逆效应，从而薄膜的磁电性质随着它所处的应力状态不同而发生改变。由于磁性层弯曲所受的应变与柔性衬底的厚度成正比关系，使用较薄的柔性衬底在一定程度上可以提高柔性器件的可弯曲性。2015 年，德国 Oliver G. Schmidt 研究组在厚度仅为 1.4μm 的超薄聚对 PET 膜上生长了巨磁电阻

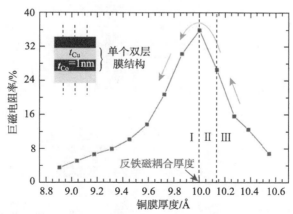

图 6.3　生长在柔性聚酯衬底上的[Co(1nm)/Cu(t nm)]$_{30}$样品的巨磁电阻率
随着铜膜厚度的变化趋势[3]

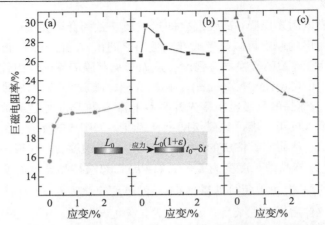

图 6.4   具有不同 Cu 层厚度的柔性$[Co(1nm)/Cu(t\ nm)]_{30}$巨磁电阻多层膜样品的巨磁电阻率随样品的拉伸应变的变化规律。样品(a)：$t_{Cu} = 1.027\ nm$ 大于最佳反铁磁耦合厚度 t_{AFM}；样品(b)：$t_{Cu} = 1.014nm$ 接近并稍大于 t_{AFM}；样品(c)：$t_{Cu} = 0.986nm$ 小于 t_{AFM}[3]

Co/Cu 多层膜[4]，通过微加工方法做成如图 6.5(a)与(b)所示的器件。这种柔性巨磁电阻器件特别轻薄，甚至可以漂浮在肥皂泡上，如图 6.5(c)所示；并且，器件具有超强的柔韧性，即使经多次揉搓，见图 6.5(d)，器件的磁电阻性能依然可以保持稳定，如图 6.5(e)所示。虽然超薄 PET 膜的表面粗糙度较大，达到 29nm，但是依然可以在室温下获得 57.8%的巨磁电阻率。把这种柔性巨磁电阻器件置于手心进行演示，无论是松开或握紧手，如图 6.5(f)与(g)所示，磁性器件的电阻都可以保持稳定，而当靠近或远离磁体时，见图 6.5(h)，电阻变化达到 13%，如图 6.5(i)所示。

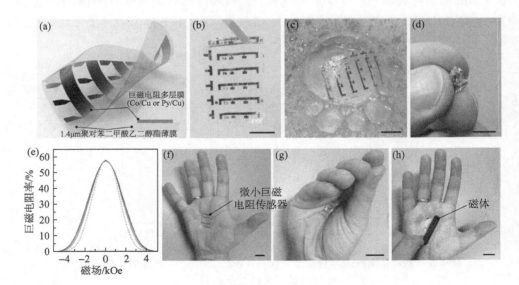

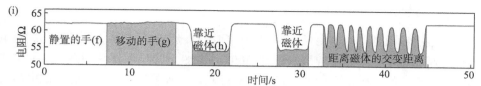

图 6.5　生长在超薄柔性衬底上的巨磁电阻多层膜器件的 (a) 示意图与 (b) 实物图; (c) 柔性器件可以漂浮在肥皂泡上;(d) 经多次揉搓后, (e) 柔性器件的磁电阻性能依然可以保持稳定; 柔性器件置于手心, (f)和(g)分别表示松开或握紧, 器件电阻都可以保持稳定; (h)和(i)表示当靠近或远离磁体时, 器件电阻发生明显改变[4]

　　由于目前的集成电路及微加工技术大部分都是基于 Si 衬底, 因此如果可以在 Si 衬底上制备出柔性磁传感器, 将可以很好地集成在现有的电子设备中。通常的 Si 衬底, 厚度约为 675μm, 可以在机械应力作用下产生微小弯曲, 曲率半径约为 400mm。但是, 如果 Si 衬底减薄到 6μm, 其可弯折性大大提高, 可以弯折的曲率半径达到 6.3 mm。2015 年, 德国 Oliver G. Schmidt 研究组成功地制备了 Si 基的柔性巨磁电阻器件[5]。具体步骤如图 6.6 所示: 首先利用直流磁控溅射结合光刻技术, 在 Si 衬底上制备 $Ni_{81}Fe_{19}(1.6nm)/30\times[Ni_{81}Fe_{19}(1.6nm)/Cu(2.3nm)]$巨磁电阻器件; 而后, 样品的正面贴上 UV 胶带作为保护, 利用粗砂轮从 Si 片背面进行减薄到 100μm, 利用细砂轮可以把 Si 片进一步减薄到 50μm; 最后, 把样品从 UV 胶带上转移到切割胶带上, 并切割成一个个条形分立的柔性磁性器件。厚度为 100 μm 和 50μm 的柔性磁性器件可以弯折的曲率半径分别达到 15.5mm 和 6.8mm。在弯曲过程中, 柔性器件的巨磁电阻率基本保持不变 (~15.3%), 但是巨磁电阻曲线的斜率明显下降, 表明器件的磁场灵敏度显著下降。这是由于柔性磁性器件在弯曲的时候磁性层感受到张应变, 由于逆磁致伸缩效应, 产生了一个单轴磁各向异性, 从而导致磁场灵敏度下降。

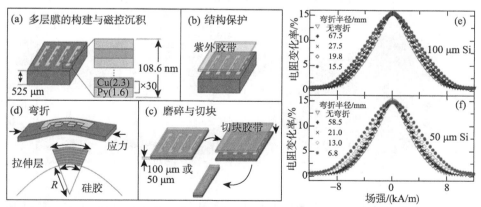

图 6.6　(a)~(d) 柔性 Si 基巨磁电阻器件制备流程图, (e)和(f) 为 100μm 和 50μm 厚的柔性 Si 基器件在不同弯曲半径下的巨磁电阻曲线[5]

6.2.2　柔性磁性隧道结传感器

　　磁性隧道结通常由两个磁性金属层和中间的绝缘势垒层构成，它具有比巨磁电阻器件更高的磁电阻率，目前可以达到 300%。磁性隧道结对薄膜的平整度要求非常高，一个较大的结构缺陷可能导致上下两层磁性电极的短路，从而隧道磁电阻大大降低，甚至是器件失效。然而，高分子柔性衬底的表面粗糙度相对较大，甚至可以达到 1μm。因此，传统的磁性隧道结大都是在 Si/SiO₂ 衬底上生长，其表面粗糙度仅有 0.5nm。2010 年巴黎大学的 Fert 研究组首次在柔性衬底（Gel-film）上制备了以 Al₂O₃ 作为势垒层的磁性隧道结[6]。为了降低柔性衬底的表面粗糙度，他们在柔性衬底上旋涂一层光刻胶，80℃烘干后，继续旋涂一层 90nm 厚的聚(3,4-乙烯二氧噻吩)-聚苯乙烯磺酸（PEDOT/PSS）并烘干。经过处理后，柔性衬底的表面均方根粗糙度可以降低到 3nm。为验证在柔性衬底上制备超薄势垒层的质量，他们利用磁控溅射方法在经过上述过程处理的柔性衬底上生长了 Co(15nm)/Al₂O₃(2.5nm)双层膜，其中势垒层是先沉积一层 1.5nm 后的 Al 层，而后在射频氧等离子体中氧化形成 Al₂O₃。双层膜的表面粗糙度进一步降低到 0.7nm。导电原子力显微镜测试表明 Al₂O₃ 势垒层处于很好的绝缘状态，没有发现任何短路现象。而后，利用纵向和横向掩模版结合的生长方法，在经过缓冲层处理的柔性衬底上制备了 Co/Al₂O₃/Co 磁性隧道结，如图 6.7（a）所示，在室温下磁电阻率达到 12.5%，在低温 4.2K 下可以达到 20%。该柔性磁隧道结可以弯曲成 90°，弯曲的曲率半径约为 15mm，薄膜所受到的张应变大约为 1%。弯曲前后，柔性隧道结的隧道磁电阻性能没有任何改变，如图 6.7（b）所示。由于隧道磁电阻性能对于薄膜的裂纹、缺陷非常敏感，因此形变后磁电阻性能保持不变，表明柔性器件进行弯曲操作后，磁性薄膜并没有产生裂纹和缺陷。2014 年西班牙的研究组在柔性聚酰亚胺 Kepton 衬底上制备了 Co/Al₂O₃/NiFe 磁性隧道结，在室温下同样获得了 12%的磁电阻率，高于在 Si/SiO₂

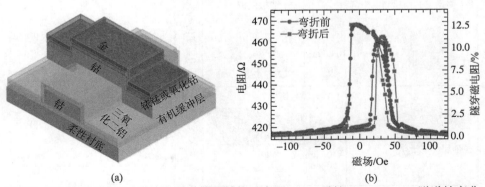

(a)　　　　　　　　　　　　　　　　　(b)

图 6.7　(a) Co/Al₂O₃/Co 柔性磁隧道结的结构示意图，(b) 柔性 Co/Al₂O₃/Co 隧道结弯曲
前后的隧道磁电阻曲线基本不发生变化[6]

衬底上的样品[7]。利用具有固定曲率半径的半圆形模具，把柔性磁性隧道结紧贴在模具表面，利用四探针法可以表征器件在弯曲形变下的输运性能。柔性磁性隧道结在 10mm 的弯曲半径下的隧道磁电阻性能基本不发生改变，如图 6.8 所示。由于 Co 具有较高的磁致伸缩系数，磁电阻性能的稳定说明机械应变并没有完全由衬底传递到磁性层。

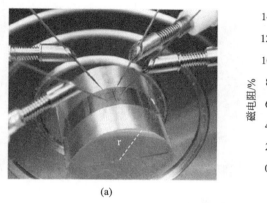
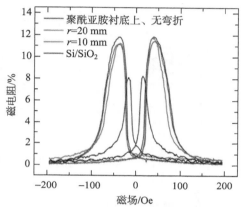

图 6.8　(a) 弯曲形变状态下利用四探针法测试柔性隧道结磁电阻的方法图，(b) 柔性 Co/Al$_2$O$_3$/NiFe 隧道结弯曲前后的隧道磁电阻性能基本不发生变化[7]

6.2.3　其他柔性磁传感器

霍尔器件与各向异性磁电阻器件也是磁性传感器的重要组成部分，目前也有部分工作开始研究如何制备高灵敏的柔性霍尔磁场传感器和柔性各向异性磁电阻传感器。2015 年，德国 Oliver G. Schmidt 研究组在聚酰亚胺（PI）与聚醚醚酮（PEEK）柔性衬底上制备了基于 Bi 薄膜的霍尔磁场传感器[8]，表现出很高的磁场灵敏度，达到−2.3V(AT)-1，如图 6.9 所示。该柔性霍尔磁场传感器可以弯曲到曲率半径为 6mm，其磁场灵敏度基本保持不变。2016 年，德国亚琛的研究组研制出基于石墨烯的柔性

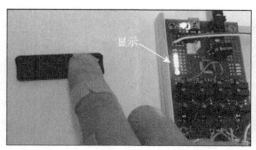
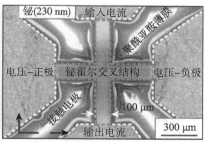

图 6.9　基于 Bi 薄膜的柔性霍尔磁场传感器[8]

霍尔磁场传感器[9]，把柔性霍尔磁场传感器的灵敏度提高了 30 倍，达到 79V(AT)-1，同时最小可以弯曲到 4mm 的曲率半径，器件的性能没有显著变化，如图 6.10 所示。美国东北大学的孙年祥研究组制备出基于坡莫合金（NiFe）薄膜的柔性各向异性磁电阻传感器，表现出 42T-1 的磁场灵敏度，接近于 Si 衬底上同类传感器的性能，同时柔性各向异性磁电阻传感器可以弯曲到 5mm 的曲率半径，如图 6.11 所示[10]。

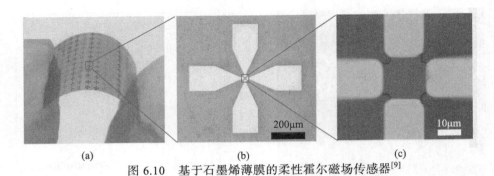

图 6.10　基于石墨烯薄膜的柔性霍尔磁场传感器[9]

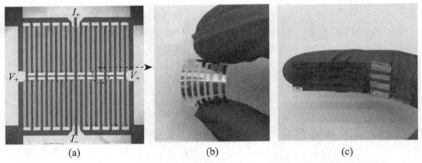

图 6.11　基于坡莫合金薄膜的柔性各向异性磁电阻传感器[10]

6.3　可拉伸柔性磁传感器

在一些特殊的应用场合，如活动关节、电子皮肤等，人们需要柔性磁传感器处于拉伸形变下仍然具有优异的传感性能。众所周知，磁性材料具有磁致伸缩特性，柔性磁性薄膜弯曲或拉伸所受到的应变会显著地改变薄膜的磁各向异性，从而导致柔性磁传感器性能下降。另外，金属的应变极限约为 0.5%，当器件的金属功能层受到的应变高于该极限后，金属薄膜会产生裂纹，从而导致器件失效。对于可弯曲柔性磁传感器，由于磁性薄膜弯曲所受的应变与柔性衬底的厚度成正比关系，使用较薄的柔性衬底可以获得较高的柔性器件的可弯曲性。但是，如何实现柔性磁传感器的可拉伸性就需要另辟蹊径。目前，实现电子器件的可拉伸性最主流的方法是利用超弹性的聚二甲基硅氧烷（PDMS）衬底与金属功能层产生的表面周期结构。聚二甲基硅氧烷的拉伸应变极限为 200%～500%，具有很小的杨氏模量（~1 MPa），而通常金属的杨氏模量大约为 100GPa。由于 PDMS 与金属之间巨大的杨氏模量差距，金属功能层生长在拉伸的 PDMS 弹性体时，其界面的力学失稳通常导致正弦起伏的表面褶皱结构的形成。通常，表面褶皱在电子器件的制备中应该极力避免，但是对于柔性电子器件，预加应变诱导的 PDMS 褶皱结构可以极大地提升器件的可拉伸性。目前，基于 PDMS 的表面褶皱结构主要应用于柔性导线、可调光栅、微导流等领域。近年来，人们也开始探索利用该结构制备可拉伸的柔性磁传感器。

6.3.1　可拉伸巨磁电阻多层膜磁传感器

2011 年德国 Oliver G. Schmidt 研究组首先在 PDMS 衬底上制备了可拉伸的柔性巨磁电阻[Co/Cu]多层膜器件[11]。制备方法的具体步骤是：在 Si 衬底上旋涂一层光刻胶作为防黏剂，而后再旋涂一层 PDMS 前驱体混合物，经过烘干后获得 40μm 厚的 PDMS 膜。然而，利用磁控溅射技术在室温下沉积 Co(1nm)/[Co(1nm)/Cu(1.2nm)]₅₀ 巨磁电阻多层膜，光刻胶层的引入可以使生长有磁性功能层的 PDMS 膜很容易地从 Si 衬底上剥离下来，形成最终的可拉伸磁传感器，如图 6.12 所示。由于 Si 衬底与 PDMS 膜的热膨胀系数相差很大，PDMS 层在烘烤与冷却的过程中会积累应力。当 PDMS 膜从 Si 衬底上剥离后，应力获得释放，PDMS 膜会相应地收缩，由于金属功能层的不可压缩性，薄膜表面会形成周期性的褶皱结构。当器件处于拉伸状态下，薄膜的表面褶皱结构逐渐展开，拉伸应变实际并没有加载在磁性金属功能层上，从而避免了金属薄膜产生裂纹。在 PDMS 膜上制备的可拉伸磁传感器剥离前与剥离后的巨磁电阻率大于 50%，与 Si 衬底上直接制备的磁传感器性能一致。柔性磁传感器在 4% 的拉伸应变下，其磁电阻率保持稳定，如图 6.13 所示，在 100mT 的偏置磁场下，传感器的巨磁电阻率保持在 20% 左右。

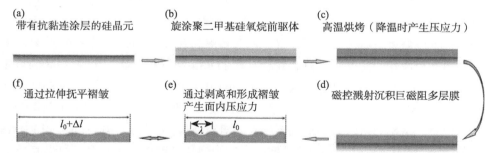

(a) 带有抗黏连涂层的硅晶元　　(b) 旋涂聚二甲基硅氧烷前驱体　　(c) 高温烘烤（降温时产生压应力）

(f) 通过拉伸抚平褶皱　　(e) 通过剥离和形成褶皱产生面内压应力　　(d) 磁控溅射沉积巨磁阻多层膜

图 6.12　在 PDMS 衬底上制备可拉伸的柔性巨磁电阻多层膜传感器的具体步骤[11]

为了提高磁传感器的可拉伸性，2015 年德国 Oliver G. Schmidt 研究组在超薄的 PET 膜上生长了巨磁电阻 NiFe(1.5nm)/[NiFe(1.5nm)/ Cu(2.3nm)]₃₀ 多层膜，然后把它紧密地粘贴到拉伸的弹性体胶带上，释放拉伸应变后，器件表面会形成周期性的褶皱结构，如图 6.14 所示。器件的可拉伸极限由施加在弹性体胶带上的预应变决定，最大可以施加 270% 的单轴拉伸预应变，这样制备出的柔性磁传感器也具有 270% 的可拉伸性。柔性磁传感器在 270% 的拉伸应变作用下，器件电阻与巨磁电阻率基本不发生变化。

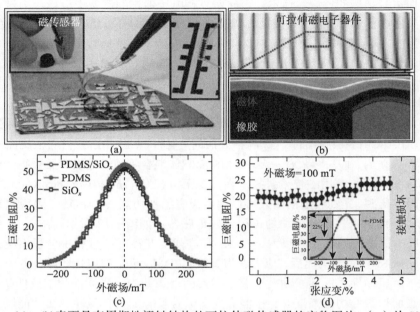

图 6.13　(a)、(b)表面具有周期性褶皱结构的可拉伸磁传感器的实物图片；（c）从 Si 衬底上剥离前与剥离后的磁传感器，与在 Si 衬底上直接制备的磁传感器性能一致；(d)可拉伸柔性磁传感器的性能在 4% 的拉伸应变下基本保持稳定[11]

　　巨磁电阻自旋阀结构相比巨磁电阻多层膜虽然巨磁电阻率较低，但是具有更高的磁场灵敏度，更适合探测微弱磁场。2012 年德国 Oliver G. Schmidt 研究组在可拉伸巨磁电阻多层膜研究的基础上，采用相似的制备方法，制备了基于 PDMS 褶皱结构的可拉伸巨磁电阻磁传感器[12]。具体制备步骤如图 6.15 所示，首先在 Si 衬底上旋涂一层光刻胶作为防黏剂，而后旋涂一层 PDMS 膜，烘干后，生长 5nm 的金属 Ta 层，以及磁性自旋阀功能层 Ta(2nm)/IrMn(5nm)/[NiFe(4nm)/CoFe(1nm)]/Cu(1.8nm)/[CoFe (1nm)/NiFe(4nm)]。由于杨氏模量的不匹配，金属层的生长会产生一个压应力，导致 PDMS 表面形成不规则的褶皱结构，如图 6.15(b)所示。当 PDMS 薄膜从 Si 衬底上剥离下来，一些周期较大的沟槽会出现在样品表面，如图 6.15(c)所示，大部分沟槽是更大周期的褶皱结构，从而可以释放从 Si 衬底上剥离下来的应力，少部分沟槽是裂纹，这些沟槽的出现并没有导致薄膜处于不连通状态，在特定的位置电流还是可以绕过裂纹，保持薄膜处于电导通状态。需要注意的是使用同

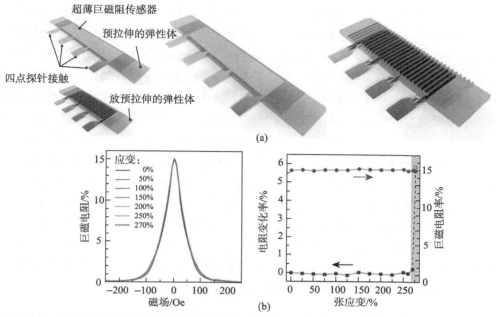

图 6.14　(a)通过转移超薄磁传感器到预拉伸弹性体上，制备具有表面褶皱结构的可拉伸磁
传感器的方法示意图；（b）通过该方法制备的可拉伸 NiFe/Cu 巨磁电阻多层膜器件在 270%
的拉伸应变下，器件电阻和巨磁电阻率可以保持稳定[4]

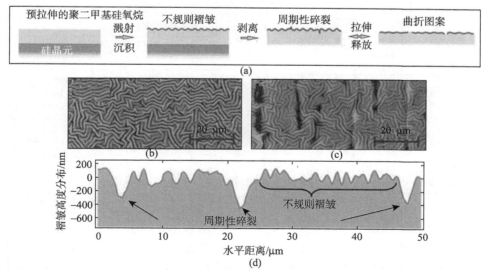

图 6.15　(a) 在 PDMS 膜上制备可拉伸的柔性巨磁电阻自旋阀器件的具体步骤；(b) 器件在
从 Si 衬底剥离下来之前，由于 PDMS 与金属功能层之间存在内应力，器件表面呈现不规则
的褶皱结构；(c)和(d)器件从 Si 衬底剥离下来之后，器件表面出现了周期较大的沟槽[12]

样方法制备的巨磁电阻多层膜[Co(1nm)/Cu(1.2nm)]$_{50}$只产生表面褶皱结构，并没有产生大的沟槽，表明总厚度较薄的自旋阀样品在受到应力作用下更容易产生沟槽，甚至是裂纹。在拉伸应变下，柔性自旋阀的巨磁电阻曲线都可以很好地被表征出来，如图 6.16(a)所示，表明在不同的拉伸应变下，器件还保持了良好的导电性。随着拉伸应变的增加，磁电阻回线变得越来越倾斜。磁传感器灵敏度通常定义为单位磁场下的电阻变化率 $S(Hext) = [dR(Hext)/dHext]/R(Hext)$，因此代表自由层的磁电阻回线部分越来越倾斜，如图 6.16(b)所示，表明柔性磁传感器在拉伸应变下磁场灵敏度逐渐降低。图 6.16(c)中给出了随着拉伸应变增加到 29%，巨磁电阻率保持在 8%左右，器件电阻则逐渐上升，在 29%的拉伸应变之上，器件失效。随着拉伸应变的增加，自由层的矫顽场也逐渐增大，作为磁传感器最重要的参数，磁场灵敏度逐渐从 0.8% Oe^{-1} 降低到 0.2% Oe^{-1}，如图 6.16(d)所示。巨磁电阻曲线倾斜，自由层矫顽场增大，表明磁性薄膜的磁各向异性在拉伸应变下增大，从而导致柔性磁传感器性能下降。因此，人们需要寻找更加有效的方法，隔绝器件拉伸对磁性层磁各向异性的影响，获得在拉伸形变下磁传感性能保持稳定的柔性巨磁电阻自旋阀器件。

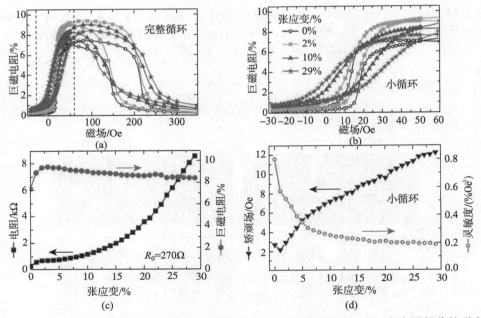

图 6.16 (a) 可拉伸自旋阀器件在不同拉伸应变下的巨磁电阻取向；(b) 自由层部分的磁电阻曲线随拉伸应变的变化；(c)和(d) 可拉伸自旋阀器件的电阻、巨磁电阻率、自由层矫顽场、磁场灵敏度随拉伸应变的变化[12]

6.3.2　可拉伸巨磁电阻自旋阀传感器

为了获得在拉伸状态下磁传感性能保持稳定的柔性磁传感器，中国科学院宁波材料技术与工程研究所研究团队采用了在拉伸 PDMS 衬底上直接生长巨磁电阻自旋阀结构的方法[13]。具体工艺如图 6.17(a)所示，选用 300μm 厚的 PDMS 膜作为衬底，利用应力施加装置，在薄膜生长的时候原位对 PDMS 衬底施加拉伸应变，同时利用掩模版获得薄膜条带结构，使用永磁体原位施加磁场诱导自旋阀钉扎层的交换偏置。利用这种预应变结合掩模版的工艺，释放生长时加载的拉伸应变，可以获得具有表面褶皱结构的磁性自旋阀条带，如图 6.17(b)所示。由于泊松效应，释放生长时施加的拉伸应变，器件在横向方向伸长，从而导致金属薄膜开裂。使用条带结构可以利用条带之间的未覆盖金属薄膜的 PDMS 间隙释放由泊松效应导致的横向伸长，从而可以避免器件由横向伸长导致金属薄膜出现裂纹的问题。图 6.17(c)和(d)展示了未使用条带掩模版获得的连续型薄膜和使用掩模版获得的条带型薄膜的褶皱状结构形貌图，可以看出，连续型薄膜在拉伸应变释放后完全破碎，而条带型薄膜则保持了较好的连续性。这里需要注意的是条带宽度与条带之间的间隙对于是否可

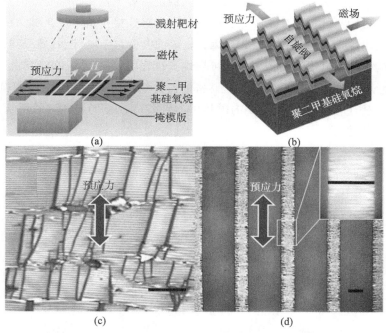

图 6.17　(a) 原位施加磁场、预应变、使用条带掩模版制备的基于 PDMS 衬底的柔性磁传感器的装置示意图；(b) 释放预应变后，获得的具有表面褶皱结构的条带型柔性磁传感器的结构示意图；(c) 未使用掩模版获得的磁传感器的表面形貌图；(d) 使用条带掩模版获得的磁传感器的表面形貌图[13]

以很好地释放横向拉伸应变,从而保持金属薄膜的连续性非常关键。通常,较小的条带宽度和较大的条带间隙有利于应变的释放,研究表明使用 100μm 的条带宽度和 200μm 的条带间隔就可以获得很好的连续条带型褶皱状金属薄膜。不改变条带间隔,增加条带宽度到 200μm,同样的制备工艺获得的金属薄膜出现了明显的裂纹,从而可能导致器件的失效。

　　使用条带宽度为 100μm 和条带间隔为 200μm 的掩模版,施加不同的预应变制备双自旋阀结构 IrMn(10nm)/FeCo(4nm)/Cu(3nm)/FeCo(1nm)/FeNi(6nm)/FeCo(1nm)/Cu(3nm)/FeCo(4nm)/IrMn(10nm)。图 6.18 分别是没有预应变、预加 30% 的拉伸应变以及预加 50% 的拉伸应变下,生长的柔性双自旋阀磁传感器的巨磁电阻曲线。预加 30% 应变制备的柔性自旋阀表现出可比拟于没有施加预应变的器件的巨磁电阻特性,然而预加 30% 应变制备的柔性自旋阀的巨磁电阻率、磁场灵敏度都有所降低。30% 与 50% 预应变下制备的柔性自旋阀传感器的巨磁电阻曲线在 0 ~ 25% 的范围内基本保持不变,器件电阻、巨磁电阻率、磁场灵敏度在拉伸过程中保持了很高的性能稳定性,如图 6.18(b) 所示,说明条带型褶皱结构可以极大地释放拉伸过程中产生的应力应变,从而保持柔性磁传感器的性能稳定。对于施加 50% 应变的器件,其可拉伸性并没有明显的提高,主要是由于测试中电极连接不能承受足够大的应变,器件无法表现出设计的最佳拉伸性能。因此,柔性电极对于磁传感器性能的发挥具有至关重要的作用。对柔性磁传感器的可靠性测试表明,在高达 500 次的反复拉伸试验下,无论是 30% 还是 50% 预加应变制备的器件都表现出了极高的性能稳定性,器件电阻、巨磁电阻率以及最重要的磁传感器性能参数磁场灵敏度几乎保持恒定不变,如图 6.19 所示。

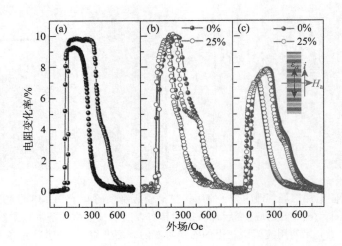

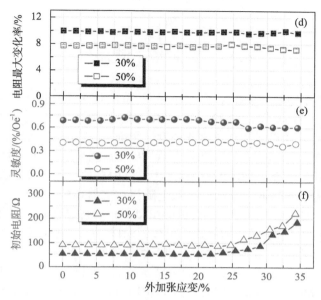

图 6.18　(a) 没有预应变，(b) 预加 30%的拉伸应变，(c) 预加 50%的拉伸应变下，生长的柔性双自旋阀磁传感器的巨磁电阻曲线；具有条带与褶皱结构的柔性自旋阀传感器在不同拉伸应变下的磁传感性能的变化：(d) 巨磁电阻率，(e) 磁场灵敏度，(f) 器件电阻[13]

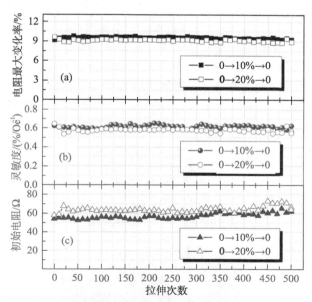

图 6.19　(a) 预加 30%与 50%的拉伸应变制备的柔性自旋阀传感器在 500 次反复拉伸试验中的磁传感性能：(a) 巨磁电阻率,(b) 磁场灵敏度,(c) 器件电阻[13]

6.4　柔性磁存储器件

磁电阻随机存储器（MRAM）在 20 世纪 70 年代初就有报道，但由于 AMR 材料的 $\Delta R/R_0$ 值低，难于制成 MRAM。自 GMR 效应特别是 TMR 效应发现后，MRAM 即成为现实。MRAM 最大的特点是非挥发性（non-volatile）。所谓非挥发性是指断电后存储的图像、声音和数据不丢失的特性[14]。硬盘就是历史较久的非挥发存储器，而半导体动态随机存储器（DRAM）则是挥发性的器件。新近开发的非挥发存储器产品有闪速存储器（flash memory）、铁电随机存储器（FRAM）、磁阻随机存储器（MRAM）及双向联合存储器（ovonic unified memory，OUM）。其中 MRAM 是基于电子自旋产生的 GMR 或 TMR 效应工作，而以磁性结构中的自由层磁化方向不同产生的磁阻变化来存储"0"和"1"的，其读写速度（10ns）可与静态随机存储器（SRAM）媲美，且在存储容量上与 DRAM 抗衡，耗电低，它将取代 DRAM、SRAM 等，还可以与 CMOS 的制备相整合，被 ITRS（international technology roadmap for semiconductor）列为最新的下一代存储器产品。

6.4.1　磁阻随机存储器的发展

随着硅基半导体器件的微小化、集成化的持续发展，现在半导体组件尺寸已经接近 $0.1\mu m$。然而在研发纳米级半导体技术时，发现组件的工作原理也有其极限，因此科技工作者开始寻求新的出路，于是现在有许多以新原理为基础的相关组件研究在蓬勃地进行着。MRAM 是利用以纳米级磁性结构特有的自旋相关传输为基础的磁电阻效应所得到的一种新颖的非挥发性固态磁存储器，不能不说是其中最成功的一例。随着自旋隧道结(magnetic tunneling junction) 较大的穿隧磁电阻（TMR）技术日渐成熟，如图 6.20 所示，研究人员对于 MRAM 的期待愈来愈大[14]。

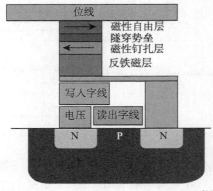

图 6.20　单个 TMR 器件的结构示意图[14]

电流是由电荷载子流动造成的，但电子有两种自旋方向，为何日常生活中使用的电子组件只感受到电荷的表征而没有自旋的表征呢？主要是自旋能够维持在一定方向的行进距离太短，因此自旋在经过长距离的路径后，由于自旋不断翻转后的平均效应，两种自旋无法分辨。但由于纳米技术的成熟，人们可确保自旋在前进过程中维持一定的方向，这两种不同的电荷载子在电路中有不同的传输特性，而其分别对磁场的反应也不一样，一般称为自旋相关磁电阻。近十年来发现的自旋相关磁电阻分为三类：巨磁电阻(GMR)、庞磁电阻(CMR)与穿隧磁电阻(TMR)。这些自旋相关传输特性有其共同的特性：磁电阻变化大、无方向性及负磁电阻变化行为。

电子自旋的组件研究，在 20 世纪 90 年代中期至今短短十年间，由基础研究快速地进入商品量产开发，其速度是惊人的。MRAM 是目前极具商业前景的自旋电子产品之一，其由于具有抗辐射性的能力，在太空科技的应用上占有重要的地位。MRAM 同时具有非挥发性、低耗电量的特质，非常适合使用在兼顾环保的最前端机器（如各种移动型计算机、网际网络、电视、家庭服务器、移动电话、数字相机等）上。此外，在高龄社会逐渐成为主流的同时，未来对可携带型医学电子产品的需求一定会与日俱增，MRAM 必定备受瞩目。MRAM 具有的极为优越的温度特性，亦被期待可运用于各种极限温度中所使用的机器之内存上。由于 MRAM 未来的市场潜力无穷，因此全球各大随机存取内存公司均在积极开发。

6.4.2　柔性磁阻随机存储器

1996 年，IBM 公司的 Parkin 研究组在柔性衬底上制备出了自旋阀多层膜。研究发现柔性衬底上制备的自旋阀样品，其巨磁电阻（3%）与在刚性硅上的样品基本相同[1]。2015 年，德国 Oliver G. Schmidt 研究组利用打印技术在柔性塑料衬底上制备了 GMR 磁电阻器件，进一步研究发现外加应变对多层膜巨磁电阻的影响不大[15]，如图 6.21 所示。

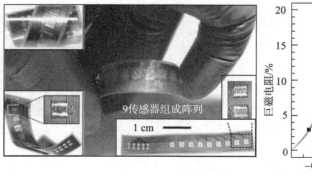
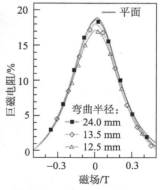

图 6.21　柔性印刷电路板上的 GMR 器件阵列，器件的 GMR 值在弯曲下基本保持不变[15]

2014 年，西班牙 Vavassori 的研究组在柔性衬底上制备出了磁性隧道结，并在室温下获得磁电阻值与在刚性 Si 上样品相当或甚至更高的数值[7]。此外，柔性磁性隧道结在弯曲半径大于 10mm 以上时，其 TMR 值基本不变。最近，新加坡国立大学 Yang 的研究组制备了基于 MgO 势垒层的柔性 TMR 器件。他们通过对比在硅上面的结果，证实外加应变可以提高器件的磁电阻率与磁性层的矫顽力，如图 6.22 所示[16]。这些结果为柔性 GMR/TMR 磁存储器的发展奠定了基础。

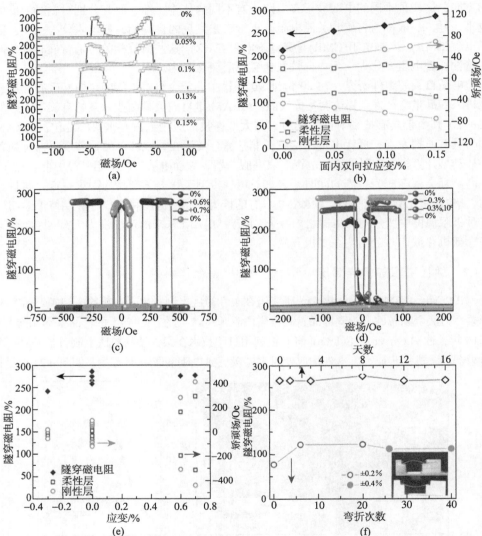

图 6.22　（a）面内拉伸应变对 Si 刚性衬底上器件 TMR 的影响；（b）Si 基 MTJ 器件的 TMR 值和矫顽力随面内轴拉伸应变的增加而增大；转移到 PET 柔性衬底上 MTJ 在（c）拉伸和（d）压缩应变下的 TMR；（e）柔性 MTJ 器件的 TMR 值和矫顽力也随面内轴拉伸应变的增加而增大；（f）柔性 MTJ 在 20 次弯曲 0.2%（交替的单轴拉伸和压缩）的 TMR 值，随后又测量了 20 次 0.4%弯曲应变下的 TMR 值。插图显示施加单轴拉伸和压缩应变的实验装置[16]

6.5　总结与展望

　　柔性电子器件的实现通常有器件柔性化与柔性材料功能化两种不同的途径，目前人们大多把成熟的硅基磁电子器件制备在柔性基底上实现柔性化，同时采用表面纳米结构等方法避免金属功能层在弯曲形变状态下的断裂。由于柔性基底不能耐高温，微加工、磁场退火等制备磁电子器件的必要手段难以应用，使得磁性隧道结、磁随机存储器等复杂磁电子器件难以实现柔性化。另外，磁随机存取存储器的功能单元是一个自旋阀器件，它是由两个磁性层中间夹着一个超薄的非磁性导电或绝缘层组成的三明治结构。自旋阀器件的电导是由两个磁性层之间的相对磁化方向决定的，因此要想获得性能稳定的柔性自旋阀器件就要求制备器件的磁性材料的磁化方向不随外加应变的改变而变化。然而最近的研究发现在外加应变可以改变磁性薄膜的易磁化轴方向[17-21]，而易磁化轴的方向又决定了磁矩在静态时的稳定方向，因此外加应变会改变材料的磁化方向。可见，研发应变不敏感的柔性磁存储器件还面临着严重的挑战。有机磁电子学，也就是利用有机材料制备磁电子器件，是磁性器件的一个重要研究方向。由于有机材料天然的柔韧性，有机磁电子器件在实现器件柔性化方面具有天然的优势。目前，有机磁电子器件相比金属基磁电子器件在性能上还有较大差距。随着有机磁电子器件研究的不断发展，以及性能的不断提高，基于有机材料的柔性磁电子器件有望更好地应用在柔性磁传感器与柔性磁存储器方面。

参 考 文 献

[1] Parkin S S P. Flexible giant magnetoresistance sensors. Appl. Phys. Lett.,1996, 69: 3092-3094 .

[2] Yan F, Xue G, Wan F A, Flexible giant magnetoresistance sensor prepared completely by electrochemical synthesis. J. Mater. Chem.,2002, 12: 2606-2608.

[3] Chen Y F, Mei Y, Kaltofen R, et al. Towards flexible magnetoelectronics: Buffer-enhanced and mechanically tunable GMR of Co/Cu multilayers on plastic substrates. Adv. Mater.,2008, 20: 3224-3228.

[4] Melzer M, Kaltenbrunner M, Makarov D, et al. Imperceptible magnetoelectronics. Nature Comm., 2015, 6: 6080.

[5] Perez N, Melzer M, Makarov D, et al. High-performance giant magnetoresistive sensorics on flexible Si membranes. Appl. Phys. Lett., 2015, 106: 153501.

[6] Barraud C, Deranlot C, Seneor P, et al. Magnetoresistance in magnetic tunnel junctions grown on flexible organic substrates. Appl. Phys. Lett., 2010, 96: 072502.

[7] Bedoya-Pinto A, Donolato M, Gobbi M, et al. Flexible spintronic devices on Kapton. Appl. Phys. Lett., 2014, 104: 062412.

[8] Melzer M, Mönch J I, Makarov D, et al. Wearable magnetic field sensors for flexible electronics. Adv. Mater., 2015, 27: 1274-1280.

[9] Wang Z X, Shaygan M, Otto M, et al. Flexible Hall sensors based on graphene. Nanoscale,2016, 8: 7683.

[10] Wang Z G, Wang X J, Li M H, et al. Highly sensitive flexible magnetic sensor based on anisotropic magnetoresistance effect. Adv. Mater., 2016, 28: 9370-9377.

[11] Melzer M, Makarov D, Calvimontes A, et al. Stretchable magnetoelectronics. Nano Lett.,2011, 11: 2522-2526.

[12] Melzer M, Lin G, Makarov D, et al. Stretchable spin valves on elastomer membranes by predetermined periodic fracture and random wrinkling. Adv. Mater., 2012, 24: 6468-6472.

[13] Li H H, Zhan Q F, Liu Y W, et al. Stretchable spin valve with stable magneticfield sensitivity by ribbon-patterned periodic wrinkles. ACS Nano, 2016, 10: 4403-4409.

[14] Gallagher W J, Parkin S S P. Development of the magnetic tunnel junction MRAM at IBM: From first junctions to a 16-Mb MRAM demonstrator chip, IBM, 24 January 2006.

[15] Karnaushenko D, Makarov D, Stöber M, et al. High-performance magnetic sensorics for printable and flexible electronics. Adv. Mater., 2015, 27: 880-885.

[16] Loong L M, Lee W, Qiu X P, et al. Flexible MgO barrier magnetic tunnel junctions, Adv. Mater., 2016, 28: 4983-4990.

[17] Liu Y W, Wang B M, Zhan Q F, et al. Positive temperature coefficient of magnetic anisotropy in polyvinylidene fluoride (PVDF)-based magnetic composites. Sci. Rep., 2014, 4: 6615.

[18] Tang Z H, Wang B M, Yang H L, et al. Magneto-mechanical coupling effect in amorphous $Co_{40}Fe_{40}B_{20}$ films grown on flexible substrates. Appl. Phys. Lett., 2014, 105: 103504.

[19] Qiao X Y, Wang B M, Tang Z H, et al. Tuning magnetic anisotropy of amorphous CoFeB film by depositing on convex flexible substrates. AIP Adv., 2016, 6: 056106.

[20] Wen X C, Wang B M, Sheng P, et al. Determination of stress-coefficient of magnetoelastic anisotropy in flexible amorphous CoFeB film by anisotropic magnetoresistance. Appl. Phys. Lett., 2017, 111: 142403.

[21] Qiao X Y, Wen X C, Wang B M, et al. Enhanced stress-invariance of magnetization direction in magnetic thin films. Appl. Phys. Lett., 2017, 111: 132405.

第 7 章　柔性阻变材料与阻变存储器

7.1　引　　言

存储器是信息记录的载体，在国民生产和日常生活中发挥重要的作用。随着大数据时代的到来，全球信息量呈爆炸式增长，存储器的重要性更显突出。当前，传统存储器开始面临一些新的挑战：一方面，当器件尺寸缩小至 10nm 以下时，漏电、发热、功耗以及工艺难度等问题将严重影响存储器的稳定性和可靠性，需要发展新的器件结构来解决这些问题和提高存储密度；另一方面，可穿戴、可植入以及未来人机对接等方面的应用要求材料与器件具有柔性和弹性。因此，通过引入新材料、新结构、新原理，发展新型柔性信息存储器，将是未来信息技术发展的重要途径[1-3]。

阻变存储器（resistive random access memory，RRAM）是近年来兴起的一种新型非易失性存储器，具有简单的"电极/绝缘介质/电极"三明治结构。通过在三明治结构两边施加电场，诱导器件电阻在高、低阻态之间发生可逆翻转，就能够实现二进制信息的编码和存储。与其他信息技术相比，阻变存储器不仅具有操作速度快、功耗低、与 CMOS 工艺兼容等优点，其简单的器件结构和广泛的材料选择范围也为器件的柔性化集成提供了可能，是下一代存储器的重要候选之一[4-8]。

7.2　阻变存储器的基本工作原理

阻变存储器主要由电极/绝缘介质/电极三部分构成三明治结构，通过向三明治结构两端施加电压，可以使绝缘介质薄膜材料的电阻在高阻态（high resistance state，HRS）和低阻态（low resistance state，LRS）之间发生可逆转换[9-13]，如图7.1所示。如果将高阻态记作逻辑信号"0"、低阻态记作逻辑信号"1"，就可以利用器件电阻的双稳态非易失性翻转实现二进制的信息存储。其中，器件由HRS向LRS转变的过程称为置位（set）过程，可以实现信息的写入；由LRS向HRS转变的过程称为复位（reset）过程，用于进行信息的擦除。通常，刚制备的器件处于HRS，需要施加一定的电压才能使其转变成LRS，此过程称为初始化（Electroforming）过程。但一些本征富含氧空位等缺陷的材料制得的阻变存储器有时也处于LRS，其电阻转变不需要初始化过程。根据发生双稳态电阻转变时所需电压极性的不同，阻变存储器的电阻转变过程又可分为单极性（unipolar，Set和Reset的电压极性相同）、双极性（bipolar，Set和Reset的电压极性相反）和无极性（nonpolar，正负电压下均能够实现Set和Reset操作）三种[9-13]，如图7.2所示。此外，为了防止电流过大导致的阻变存储器永久击穿，Set过程中通常需要采用限制电流（compliance current，CC）来进行保护[9]。

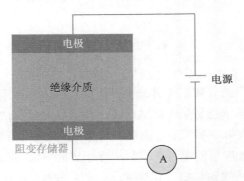

图7.1 阻变存储器的结构示意图

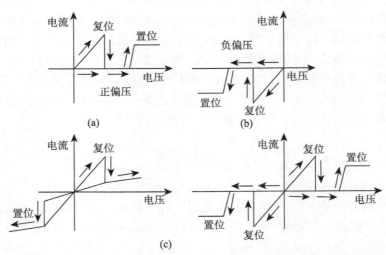

图7.2 阻变存储器的（a）单极性、（b）双极性和（c）无极性电阻转变特性[9]

目前，科学界对于电阻转变效应的微观物理机制提出了多种模型，其中最广为接受的是导电细丝（filamentary conduction）和界面效应两种机制。导电细丝机制主要是通过在金属/绝缘介质/金属三明治结构两边施加电场，诱导金属或氧离子发生定向迁移和氧化还原，利用绝缘介质中纳米导电细丝的形成与通断调控器件的电阻状态。由于所形成的导电细丝尺寸在十几到几十纳米，因而基于导电细丝机制的阻变存储器具有良好的尺寸可微缩性，在高密度存储领域具有广阔的应用[9]。另外，通过电场调控电极/绝缘介质界面的势垒高度，或者利用电场诱导绝缘介质中靠近电极界面处的缺陷电荷俘获与释放，器件电阻可发生可逆变化[2]。

　　评价阻变存储器性能的参数主要包括操作电压、操作电流、操作速度、开关比、耐受性以及时间保持特性等。操作电压是指驱动阻变存储器件发生电阻转变的阈值电压，主要包括 Set 电压（V_{Set}）和 Reset 电压（V_{Reset}）[13]。为了实现阻变存储器低功耗的优势，器件的操作电压一般都控制在 1V 以内。对于操作电流来说，Set 过程中是为了保护器件不受损害而采用的限制电流值，而 Reset 过程中则是使器件从 LRS 向 HRS 转变需达到的最大电流。与操作电压一样，低功耗阻变存储器也要求器件具有尽量低的操作电流。阻变存储器的操作速度取决于器件写入或擦除所需要的最短时间，通常为几十到几百纳秒。开关比是指器件高阻态电阻值与低阻态电阻值的比值。为保证器件电阻状态的准确读取，阻变存储器的开关比必须大于 10。耐受性是指存储器在 HRS 和 LRS 之间能够转换的次数/周期数，也被称为抗疲劳特性。为了比 Flash 存储器具有更大的优势，RRAM 器件至少能够完成 10^7 次写入操作。器件在 HRS 和 LRS 下电阻值保持不变所能维持的时间则定义为时间保持特性，一般商业化的存储器产品都需要在 85℃或者读取电压下达到 10 年以上。值得一提的是，柔性集成与应用中特别关注各种外加载荷（拉伸、压缩、弯曲、扭转、交变应力等）下器件上述电学性能的保持与演化[14]。

7.3　柔性阻变存储器的材料体系与发展现状

7.3.1　柔性阻变存储器的材料体系

1. 介质材料

　　绝缘介质是 RRAM 器件发生电阻转变的载体，对 RRAM 的性能有着最直接的影响。作为阻变存储器的核心部分，绝缘介质材料经过多年的发展已经涵盖了钙钛矿型金属氧化物、二元过渡金属氧化物、硫系化合物、有机小分子和高分子材料、碳基材料、有机–无机杂化材料以及纳米复合材料等[15-61]。

　　目前，韩国科学技术院（KAIST）有多个课题组在从事柔性阻变存储器的相关研究工作，如韩国科学技术院电气工程学院的 Yang-Kyu Choi 等在 PES 上先后制备了 Al/ZnO/Al[32]、Al/TiO$_x$/Al[62]和 Al/InGaZnO/Al[63]等结构的柔性 RRAM 器件；韩国科学技术院电气工程学院石墨烯研究中心的 Sung-Yool Choi 和 Keon Jae Lee 等分别在 PES 和塑料（plastic）基底上制备了 Al/TiO$_2$/Al/TiO$_2$/Al[25]、Pt（Au）/Ni/TiO$_2$/Al$_2$O$_3$/Pt[64]、Cu/pV$_3$D$_3$/Al[49]和 Al/Cu$_x$O/Cu[16]、Pt/NiO$_x$/Ni[65]等结构的柔性 RRAM 器件；此外，两人还合作制备了 Al/TiO$_2$/Al /Plastic[26]柔性 RRAM 器件。除了韩国科学技术院外，韩国济州大学的 Jinho Bae[41,59]、中国台湾长庚大学的 Tung-Ming

Pan[18,19]、中国科学技术大学的谢毅[23,35]等也都开展了相关的研究工作，并取得了一些重要的进展。

相比较而言，二元金属氧化物因具有化学成分简单、易于制备且阻变性能稳定等优点而成为 RRAM 研究的重点介质材料，目前，在已报道的柔性介质材料里约占了 66%。但由于金属氧化物质脆易断，在形变情况下容易失效，如图 7.3 所示，在 1.69% 和 1.72% 的应变下 Al_2O_3 和 HfO_2 表面出现裂纹[88]。因而，近年来基于有机高分子材料和有机–无机杂化材料的柔性阻变存储器日益成为研究的热点。

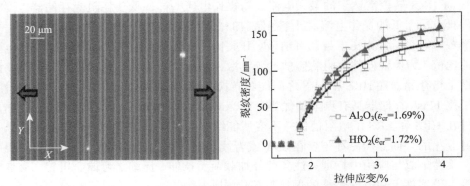

图 7.3   在 1.69% 和 1.72% 的应变下 Al_2O_3 和 HfO_2 表面出现裂纹[88]

2. 电极材料

电极在阻变存储器中不仅是作为电流传导的载体，还对电阻转变行为有着重要的影响，甚至直接参与阻变反应。根据材料种类的不同，可把电极分成五大类[66-72]，即金属单质电极、合金电极、碳/硅电极、氮化物电极和氧化物电极。目前柔性阻变存储器所采用的电极以金属和导电氧化物为主，其中金属电极约占 78.57%，氧化物电极约占 13.27%。但上述电极的应变能力大都较弱，以已报道的 TiO_2 基阻变存储器（如 $Al/TiO_2/Al$[25,26,29,31]、$Ag/TiO_2/C$[28] 和 $Ag/TiO_2/ITO$[30]）为例，它们的弯折半径一般在 9~10mm。通过降低介质层的厚度，改变薄膜的晶体结构，可以在一定程度上提高阻变存储器的弯折极限。Shang 等[89]采用 5nm 厚的超薄非晶–纳米晶混合结构氧化铪薄膜作为存储介质，制备的 $ITO/HfO_x/ITO$ 阻变存储器的弯折半径可到 5mm，如图 7.4 所示。

此外，根据对电阻转变贡献的不同，以上电极材料又可分成四大类，包括：传导电流的电极（如惰性电极 Pt[21]和 Au[56]等）、影响导电细丝形成的电极（如活性电极 Al[36]和 Ni[24]等）、参与电阻转变的电极（如活性电极 Ag[55]和 Cu[38]）以及承担特殊作用的电极（如可制备透明阻变存储器的 ITO[73]电极）等。譬如，Jeong 等[36]采用易氧化–还原的铝（Al）电极来影响导电细丝的形成，他们在 Al/氧化石墨烯（GO）/Al 阻变存储器中通过电场调控 Al/GO 界面处含氧官能团（oxygen groups）的量来

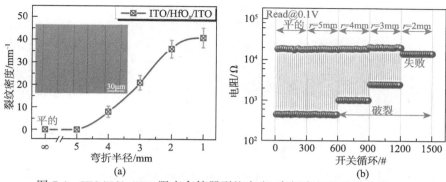

图 7.4　ITO/HfOₓ/ITO 阻变存储器裂纹密度–弯折半径的关系曲线，
以及不同弯曲半径下的循环曲线[89]

控制 Al₂Oₓ 界面层的厚度。起始，器件处于高阻态，在电场作用下界面处的氧离子会向 GO 中扩散，导致界面变薄，并在界面处形成局域的导电细丝，器件转变为低阻态。相反，在反向电场的作用下，GO 中的氧离子又会迁移回界面处，导致界面变厚，器件回到高阻态，如图 7.5 所示。Tian 等[55]采用银（Ag）做电极制备了 Ag/HfOₓ/GO 阻变存储器件，研究了器件电阻和温度的关系：低阻态时，Ag 导电细丝连通上下电极，呈现出金属的导电特性，即随着温度的升高，器件的电阻增大；高阻态时，Ag 导电细丝断开，器件呈现出介质层的半导体导电特性，即随着温度的升高，器件的电阻减小，如图 7.6 所示。

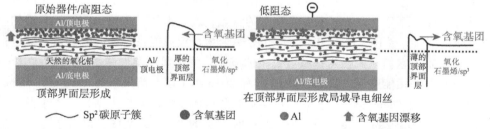

图 7.5　采用易氧化–还原的铝（Al）电极来影响 Al/GO/Al 阻变存储器中导电细丝的形成[36]

　　金属和氧化物电极虽然具有很好的导电性，但其应变能力差，限制了柔性阻变存储器的发展。近年来，复合型导电高分子吸引了越来越多的关注[66-72]。复合型导电高分子是在高分子基体中添加导电性物质（炭黑、碳纳米管、石墨烯、金属粉、金属纳米线和纳米片等），通过分散复合或层积复合等方式得到的导电材料。它保持了高分子材料优异的柔性和拉伸性以及填料本身的导电能力，成为目前构建柔性电子元器件最理想的电极材料之一。例如，Hong 等[66]将石墨烯膜（graphene film）与 PDMS（聚二甲基硅氧烷）通过层积复合制备了 Graphene/PDMS 电极，电导率

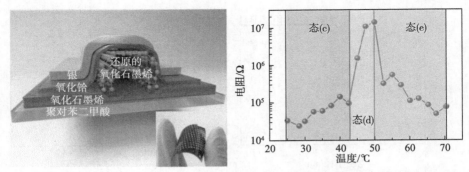

图 7.6   采用易扩散的 Ag 电极来影响 Ag/HfO$_x$/GO 阻变存储器的电阻转变行为[55]

约为 0.0071S/cm，可拉伸 30%。但它们的导电性普遍较差，且拉伸时电阻会急剧增大。因此，如何在保证复合型导电高分子电极低电阻率的同时，又能保证电极的拉伸稳定性已成为目前亟待解决的关键问题。

3. 柔性基板材料

柔性电子技术是建立在柔性基板上的电子技术，与传统硅电子技术最根本的区别是以柔性基板取代传统的刚性基板，从而为提高阻变存储器的柔韧性和延展性创造条件。图 7.7 给出的是目前各种柔性阻变存储器基板材料的占比，柔性 RRAM 器件所普遍采用的基板材料主要为聚合物（塑料）和纸，其中使用最多的仍是聚合物基底，主要集中在 PET（聚对苯二甲酸乙二醇酯）[17-19, 23, 30]、PES（聚醚砜树脂）[25, 27, 31, 34, 36]和 PI（聚酰亚胺）[16,29,53]上。使用聚合物基底相对于传统的硅基底的优势是成本相对低廉，且大部分聚合物衬底兼具透明的特点，这也为其在透明柔性电子领域的应用提供了可能。然而，PET、PES 和 PI 等聚合物基板只能发生弯曲形变而不能进行拉伸，限制了它们在柔性可穿戴设备中的应用。为了保证柔性 RRAM 器件在拉伸形变情况下仍然能够保持工作，2014 年和 2016 年中国台湾大学的 Yang-Fang Chen 和 Wen-Chang Chen 等[74,75]分别采用预拉伸的 PDMS 弹性体作为基板制备了器件，见图 7.8。Yang-Fang Chen 等[74]在预拉伸 50% 的 PDMS 基底上制备了可拉伸的 P3BT:PMMA 有机阻变存储器，该存储器具有 WORM 型的阻变行为（一次写入，多次读出），开关比高达 10^5，即使在 50% 的应变下，器件的存储性能仍可保持 10^{4}s；随后，Wen-Chang Chen 等[75]采用相似的方法，又在预拉伸的 PDMS 基底上制备了可拉伸的 PF$_{14}$-b-Piso$_n$ 有机阻变存储器，在预拉伸应变范围内，开关比提高到了大约 10^6，而器件的存储性能也可以保持 10^{4}s。他们的工作实现了 RRAM 器件的可拉伸性，为大应变 RRAM 器件的制备提供了很好的思路。但是这种在预拉伸弹性基底上制备的 RRAM 器件，其应变极限和方向受到了预拉伸应变和预拉伸方向的限制，使用过程中器件只能沿着预拉伸发生形变，并且拉伸极限不能超过预拉伸的应变量，在实际应用中受到了很大的限制。此外，聚合物材料的玻璃化温度普遍偏低（一般在 200℃以下），导致无法通过高温制备与退火处理在聚合物基底制备基于氧化物介质薄膜的高性能 RRAM 器件。

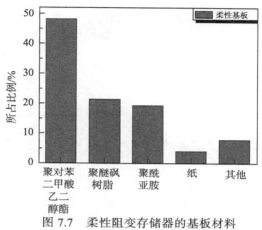

图 7.7　柔性阻变存储器的基板材料

7.3.2　柔性阻变存储器的发展现状

早在 1962 年 Hickmott 等[76]就在 Al/Al$_2$O$_3$/Au 等金属/绝缘介质/金属（MIM）三明治结构中观测到了电阻转变现象，如图 7.9 所示，但当时并没有引起人们的关注。直到 2000 年，美国休斯敦大学的 Liu 等[77]在巨磁阻氧化物 Pr$_{0.7}$Ca$_{0.3}$MnO$_3$（PCMO）薄膜中再次发现阻变现象（图 7.10），并利用脉冲实现了两个阻态的非易失性翻转，演示了利用这种效应构建新型存储器的可行性，才引发了相关领域的研究热潮。此后，国内外许多大学、研究机构和公司加入 RRAM 的研究中。

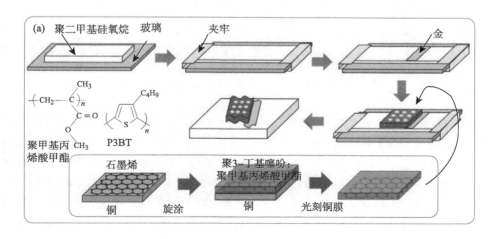

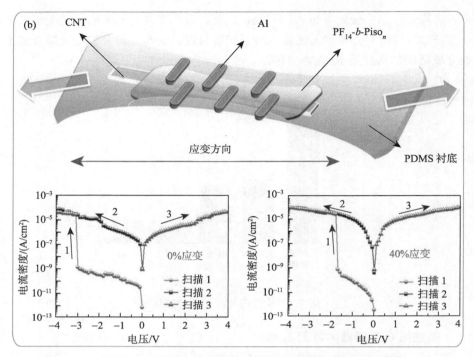

图 7.8　可拉伸阻变存储器的制备过程[74]和阻变性能[75]

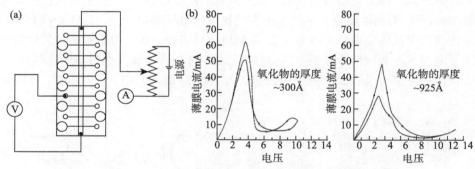

图 7.9　Al/Al$_2$O$_3$/Au 三明治结构及其电阻转变现象[72]

　　到 21 世纪初，全球范围内对于柔性电子的关注也逐步推动了柔性阻变存储器的研究和发展。2009 年韩国科学技术院 Yang-Kyu Choi 等[32]利用二元氧化物在柔性的聚醚砜树脂（PES）基底上制备了 Al/sol-gel ZnO/Al 存储单元，并发现该器件在弯折半径为 27.4mm 时仍可保持其开关比不变。2010 年 Jeong 等[78]又利用 TiO$_2$ 等二元氧化物制备了各种结构的柔性阻变存储器。2011 年东北师范大学的刘益春教授等[38]利用多元氧化物 InGaZnO 在柔性的塑料衬底上制备了可以弯折成 U 形对折结构的 Cu/α-IGZO/Cu 存储单元。同年，中国台湾交通大学的 Chin 等[79]又将两种不同的氧化物复合，制备了 Ni/GeO$_x$/Hf$_{0.38}$O$_{0.39}$N$_{0.23}$/TaN/SiO$_2$/PI 柔性 RRAM 器件，弯折半径可到 9mm。2012 年美国加利福尼亚大学的 Vivek Subramanian 等[75]利用硫族化合物作为介质层制备了弯折半径为 16mm 的 Au/Ag$_2$Se/Ag/PEN 器件。韩国高丽大学的 Woong Kim 等[81]将氧化物与硫族化合物复合，将 Ag/Al$_2$O$_3$/CdS/Pt/PI 柔性 RRAM 器件的弯折半径降低到 5mm。基于无机介质材料的阻变存储器电学稳定性好，但由于无机材料本身的机械脆性，器件的机械柔韧性相对较差，如图 7.11 所示。

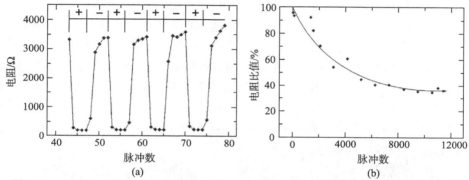

图 7.10　Pr$_{0.7}$Ca$_{0.3}$MnO$_3$/YBa$_2$Cu$_3$O$_{7-x}$ 和 Pr$_{0.7}$Ca$_{0.3}$MnO$_3$/Pt 薄膜中的电阻转变现象[77]

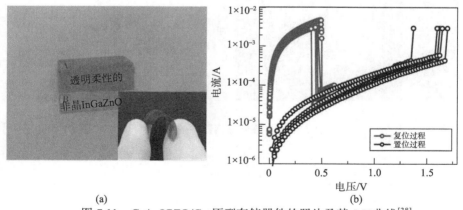

图 7.11　Cu/α-IGZO/Cu 原型存储器件的照片及其 I-U 曲线[38]

为了提高介质材料的柔韧性，2012 年北京大学的黄如教授等[45]利用有机材料作为介质层，基于 CMOS 工艺制备了 Al/Parylene-C/W 柔性 RRAM 器件；韩国科学技术院的 Kim 等[61]将聚苯乙烯（PS）和硼（B）掺杂的碳纳米管的混合物作为介质层制备了 Al/PS+BCNT/Al/PI 柔性 RRAM 器件，弯折半径可小于 7mm。可见，有机介质材料阻变存储器的机械性能显著提高，但其电学稳定性尤其是器件的时间保持性和循环耐受性一般都不高，如图 7.12 所示。

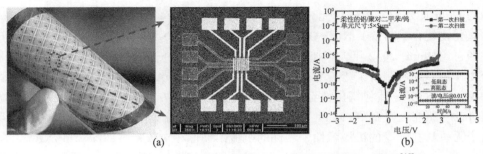

图 7.12　Al/Parylene-C/W 原型存储器件的照片及其 *I-U* 曲线[45]

　　因此，如何获得兼顾优良机械和电学性能的阻变器件已经成为柔性 RRAM 领域研发的关键和难点问题。为了实现有机、无机材料的优势互补，2015 年中国科学院宁波材料所李润伟研究员等[50]利用由有机配体和无机金属离子经配位作用而形成的金属–有机框架材料（MOFs）为介质层制备了柔性 RRAM 器件，该器件弯折半径达到了 3.2mm，并且能够在 ± 70℃的宽温区范围内保持稳定的阻变特性，从而为探索柔性存储器件提供了新思路，如图 7.13 所示。

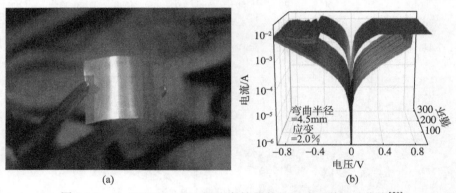

图 7.13　Au/HKUST-1/Au 原型存储器件的照片及其 *I-U* 曲线[50]

7.4　柔性阻变存储器的力学性能

　　柔性阻变存储器与传统刚性阻变存储器的最大区别就是其柔性和延展性，在使用过程中它要经得起反复卷曲、拉伸和扭折，从而对器件材料的力学性能提出了很高的要求。如何保证在使用过程中不被破坏，这就需要对柔性阻变存储器的力学性能进行研究。其中，在柔性阻变存储技术的发展中，最大的障碍并非来自于阻变存储技术本身，而是来自如何提高其材料和结构的力学性能。此外，由于柔性阻变存储器在变形失效时，其电学特性也会发生相应的变化，所以对柔性电子系统基本结构的力学性能研究往往和其电学特性的研究相结合。

目前，关于柔性阻变存储器的研究才刚刚起步，所谓的柔性主要是指柔性可弯折，可拉伸的阻变存储器研究较少。目前可弯折阻变存储器应变的测量主要有两种方式。第一种方式是用游标卡尺或自制挤压装置（图7.14）挤压样品的两端，使样品向上或向下弯曲，通过测量弯曲部位（一般选样品中部）的曲率半径来估算样品受到的应变，这是目前文献中最常用的样品应变的测量方法。它的优点是简单方便，易采集多个实验数据；缺点是样品各处的应变不一致，应变量不准确，且不便于阻变性能的测量。

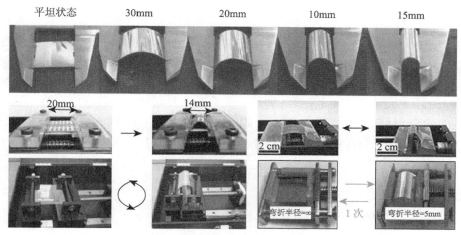

图 7.14　柔性阻变存储器的两端挤压弯折装置[22, 65, 82-84]

另一种方式是在固定半径的磨具或物件（如笔杆、管子、圆柱体等）上弯折（图7.15）。韩国高丽大学的 Woong Kim[51]和 Byeong-kwon Ju[29]、韩国科学技术院的 Yang-Kyu Choi[85]和 Tae-Wook Kim[86]、日本大阪大学的 Takeshi Yanagida[87]、得克

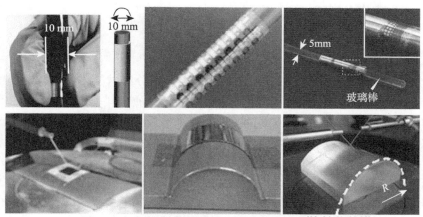

图 7.15　在固定半径的磨具或物件上弯折[29, 36, 51, 85-88]

萨斯州大学奥斯汀分校的 Deji Akinwande[88]等都采用这种方式进行测量。它的优点是样品各处的应变一致，应变量准确，且便于阻变性能的测量；缺点是数据点的采集受到了模具和物件数量的限制。这种方式与前一种方式恰好相反。

　　器件弯折极限的表征也主要有两种方式（图7.16）。第一种方式是直接观测器件在弯折情况下的薄膜微观形貌变化及其对器件电学性能的影响。美国得克萨斯州大学奥斯汀分校的Deji Akinwande[88]等通过电镜观测应变下裂纹的密度变化发现：裂纹的产生影响了载流子的输运，是造成器件失效的主要原因。也就是说，裂纹产生时的弯折应变即为阻变器件的弯折极限。第二种表征器件弯折极限的方式是测试其电学性能。韩国科学技术院的Sung-Yool Choi[36, 49]、济州大学的Bae[41, 49]、光州科学技术学院的Hyunsang Hwang[41]以及美国普林斯顿大学的Gleskova[18]等通过测量器件高低阻态的变化来确定器件的弯折极限。一般来说，当器件形变量超过其弯折极限时，低阻态的电阻会突然增大，存储窗口（R_{OFF}/R_{ON}或I_{ON}/I_{OFF}）消失，器件失效，如图7.17(a)所示。也就是说，器件失效本质上与存储窗口的减小有关，一般要求器件的存储窗口大于等于10。为此，韩国科学技术院的Sung-Yool Choi[36]和Tae-Wook Kim[86]等则直接通过测量器件的存储窗口来确定器件是否失效，如图7.17(b)所示。

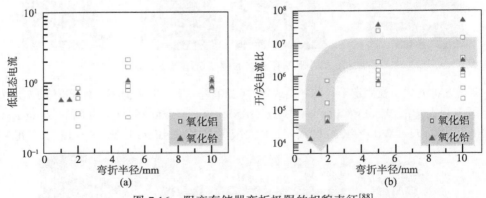

图 7.16　阻变存储器弯折极限的相貌表征[88]。

　　7.3节对文献中报道的构成柔性阻变存储器各部分的材料体系进行了详细的介绍，包括介质材料、电极材料和基板材料。其中，介质材料主要以氧化物、高分子聚合物以及由它们构成的复合物或混合物为主；电极材料主要以金属和还原的石墨烯为主；而基板材料则主要以聚合物和纸为主。这些材料的力学性能限制了柔性阻变存储器的力学性能。例如，基于无机材料的柔性阻变存储器Au/Al$_2$O$_3$/Ti和Au/HfO$_2$/Ti分别可承受1.69%和1.72%的应变[88]；基于有机材料的阻变存储器Al/PS:PCBM/Al可承受6.28%的应变[86]。图7.18总结了文献中报道的柔性阻变存储器的弯折半径。从图中可以看出，文献中报道的柔性阻变存储器的弯折极限半径大多在5~10mm。

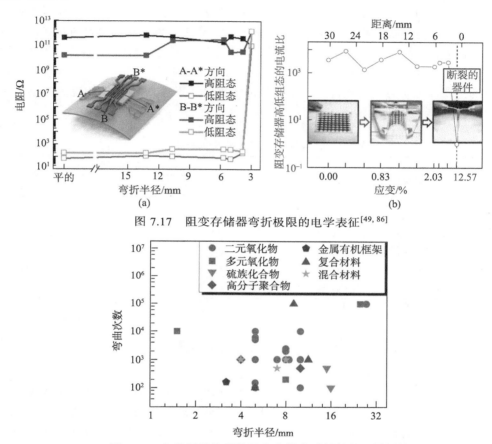

图7.17　阻变存储器弯折极限的电学表征[49, 86]

图7.18　文献报道的柔性阻变存储介质材料的机械性能

当前柔性存储器的失效分析还停留在失效特征分析及描述的初级阶段。Nagashima等[87]研究发现，随着应变的增大（$r = 0 \rightarrow r = 0.1$mm），高低阻态的阻值基本保持稳定；Lee等[90]研究发现，随着应变的增大（$r = 0 \rightarrow r = 9$mm），高阻态阻值和阈值转变电压都有增大的趋势，而低阻态阻值有减小的趋势；Yong等[91]研究发现，随着应变的增大（$r = 0 \rightarrow r = 12.5$mm），高阻态阻值和Reset电压都有减小的趋势，而低阻态阻值和Set电压基本保持不变。可见，在不同的存储单元中，其演变规律存在着很大的差异。但即使在相同的存储单元结构中（如Al/TiO$_x$/Al），其演变规律也不尽相同，例如，Lee等[26]研究发现，随着应变的增大，器件的低阻态阻值基本保持稳定；而Choi等[31]则研究发现，随着应变的增大，器件的低阻态阻值有增大的趋势，如表7.1所示。2013年，Akinwande等[92]通过原位施加应变，对应变导致器件失效的物理机制进行了更深入的探索，他们对比研究了Al$_2$O$_3$和HfO$_2$薄膜的裂纹生长速率、载流子迁移率和阻变性能间的关联规律，提出了自己的假设：阻变器件的失效是由裂纹密度的增加导致器件漏电流增大造成的。可见，欲提高器件的力学性能，还要对器件的失效机制进行深入细致的研究，以便直接有效地对器件材料和结构进行优化。最近，Shang等[89]研究了应力/应变作用下HfO$_2$基RRAM器件电学性能的演变规律，揭示了电极中微裂纹的产生影响了载流子的输运，是导致器件失效的主要原因，且提出提高器件柔韧性的关键是研发应力/应变性能稳定的电极材料。

表 7.1 应变作用下阻变性能演变规律的一些报道

存储单元(弯折方式)	阻变性能的演变规律			
	高阻态 阻值	低阻态 阻值	Set 电压	Reset 电压
Al/TiO$_x$/Al ($r=16$mm→$r=10$mm)[87]	↓	↑		
Al/TiO$_x$/Al ($r=0→r=27.5$mm)[90]	↓	—		
Ag/Ag-CNP/Pt ($r=0→r=0.1$mm)[91]	—	—		
Al/PI:PCBM/Al ($r=0→r=9$mm)[26]	↑	↓	↑	↑
Au/ZnO/Steel ($r=0→r=12.5$mm)[31]	↓	—	—	↓

注："—"不变，"↓"减小，"↑"增大。

7.5 总结与展望

随着越来越多的研究人员加入柔性阻变存储器的研究中，柔性介质材料探索、应力/应变作用下失效机制研究以及柔性阻变存储器演示器件研制等方面已取得了较大进展，柔性RRAM器件的力学性能也得到了不断提高，但其性能指标还有待进一步优化。在众多材料中寻找性能和拓展性都满足要求的电极、介质和基板材料仍是柔性阻变存储器发展的关键。

在柔性介质材料研究方面，由于无机材料易发生断裂等力学失效，其构成的存储单元承受应变的能力有限，限制了其在柔性器件中的应用；而使用有机材料虽然可以显著提高阻变存储器的机械性能，但由于受有机材料本质属性的限制，某些关键存储性能（如时间保持性、抗疲劳性等）并不能达到实际应用的要求。因此，对兼备稳定存储特性和良好机械性能介质材料的探索，仍是柔性阻变存储器研究的重要课题。

在柔性电极材料研究方面，目前具有高变形能力的弹性电极主要是复合型导电高分子电极，它是将纳米/微米量级的导电填料掺入弹性的绝缘聚合物中，通过各种复合方式处理后得到的具有导电功能的多相复合体系。这类电极由于存在两个严重的问题而无法满足应用的要求：一是力学稳定性差。固体导电填料与聚合物基体的弹性模量相差很大（约100万倍），拉伸时导电填料间的间隙会增大，致使电极的电阻急剧增大。二是导电性与弹性存在着矛盾。固体导电填料高掺杂可以提高导电性，同时也会恶化弹性。因此，探索兼具良好导电性、力学稳定性和弹性的电极也是一个严峻的挑战。

此外，在加强柔性介质材料和电极材料研究的同时，也要加强柔性阻变存储器件的研究，以产品为导向，重点研究器件柔性化过程中所涉及的核心技术问题，以此推动基础研究的不断深入。

参 考 文 献

[1] 刘明, 等. 新型阻变存储技术. 北京: 科学出版社, 2014.

[2] 潘峰, 陈超. 阻变存储器材料与器件. 北京: 科学出版社, 2014.

[3] 林殷茵, 宋雅丽, 薛晓勇. 阻变存储器:器件、材料、机制、可靠性及电路. 北京: 科学出版社, 2014.

[4] Waser R, Dittmann R, Staikov G, et al. Redox-based resistive switching memories-nanoionic mechanisms, prospects, and challenges. Adv. Mater., 2009, 21: 2632-2663.

[5] Jeong D S, Thomas R, Katiyar R S, et al. Emerging memories: Resistive switching mechanisms and current status. Reports on Progress in Physics, 2015, 75: 076502.

[6] Zhang K L, Wang B L, Wang F, et al. VO_2-Based selection device for passive resistive random access memory application. IEEE Electron Device Letters, 2016, 37: 978-981.

[7] Syu Y E, Chang T C, Tsai T M, et al. Redox reaction switching mechanism in RRAM device with $Pt/CoSiO_x/TiN$ Structure. IEEE Electron Device Letters, 2011, 32: 978-981.

[8] Li Y, Xu L, Zhong Y P, et al. Associative learning with temporal contiguity in a memristive circuit for large-scale neuromorphic networks. Adv. Electron. Mater., 2015, 1: 1500125.

[9] Kim K M, Jeong D S, Hwang C S. Nanofilamentary resistive switching in binary oxide system; A Review on the Present Status and Outlook. Nanotechnology, 2011, 22: 254002.

[10] Pan F, Gao S, Chen C, et al. Recent progress in resistive random access memories: Materials, switching mechanisms, and performance. Mat. Sci. Eng. R, 2014, 83: 1-59.

[11] Jeong D S, Thomas R, Katiyar R S, et al. Emerging memories: Resistive switching mechanisms and current status. Rep. Prog. Phys., 2012, 75: 076502.

[12] Waser R, Dittmann R, Staikov G, et al. Redox-based resistive switching memories - nanoionic mechanisms, prospects, and challenges. Adv. Mater., 2009, 21: 2632-2663.

[13] Meena J S, Sze S M, Chand U, et al. Overview of emerging nonvolatile memory technologies. Nanoscale Res. Lett., 2014, 9: 526.

[14] 李颖弢, 龙世兵, 吕杭炳, 等. 电阻转变型非挥发性存储器概述. 科学通报, 2011, 56: 1967-1973.

[15] Hao C X, Wen F S, Xiang J Y, et al. Liquid-exfoliated black phosphorous nanosheet thin films for flexible resistive random access memory applications. Adv. Funct. Mater., 2016, 26: 2016-2024.

[16] Yoo H G, Kim S, Lee K J. Flexible one diode-one resistor resistive switching memory arrays on plastic substrates. RSC Adv., 2014, 4: 20017.

[17] Zhao H B, Tu H L, Wei F, et al. High mechanical endurance RRAM based on amorphous gadolinium oxide for flexible nonvolatile memory application. J. Phys. D: Appl. Phys., 2015, 48: 205104.

[18] Mondal S, Her J L, Koyama K, et al. Resistive switching behavior in Lu$_2$O$_3$ thin film for advanced flexible memory applications. Nanoscale Res. Lett., 2014, 9: 3.

[19] Mondal S, Chueh C H, Pan T M. Current conduction and resistive switching characteristics of Sm$_2$O$_3$ and Lu$_2$O$_3$ thin films for low-power flexible memory applications. J. Appl. Phys., 2014, 115: 014501.

[20] Wang H J, Zou C W, Zhou L, et al. Resistive switching characteristics of thin NiO film based flexible nonvolatile memory devices. Microelectronic Engineering, 2012, 91: 144-146.

[21] Kim S, Son J H, Lee S H, et al. Flexible crossbar-structured resistive memory arrays on plastic substrates via inorganic-based laser lift-off. Adv. Mater., 2014, 26: 7480-7487.

[22] Wang G, Raji A R O, Lee J H, et al. Conducting-interlayer SiO$_x$ memory devices on rigid and flexible substrates. ACS Nano, 2014, 8: 1410-1418.

[23] Lyu M J, Liu Y W, Zhi Y D, et al. Electric-field-driven dual vacancies evolution in ultrathin nanosheets realizing reversible semiconductor to half-metal transition. J. Am. Chem. Soc., 2015, 137: 15043-15048.

[24] Yamada T, Makiomoto N, Sekiguchi A, et al. Hierarchical three-dimensional layer-by-layer assembly of carbon nanotube wafers for integrated nano-electronic devices. Nano Lett., 2012, 12: 4540-4545.

[25] Jeong H Y, Kim Y I, Lee J Y, et al. A low-temperature-grown TiO$_2$-based device for the flexible stacked RRAM application. Nanotechnology, 2010, 21: 115203.

[26] Kim S, Jeong H Y, Kim S K, et al. Flexible memristive memory array on plastic substrates. Nano Lett., 2011, 11: 5438-5442.

[27] Wu C Q, Zhang K L, Wang F, et al. Resistance switching characteristics of sputtered titanium oxide on a flexible substrate. ECS Transactions, 2012, 44: 87-91.

[28] Lien D H, Kao Z K, Huang T H, et al. All-printed paper memory. ACS Nano, 2014, 8: 7613-7619.

[29] Yeom S W, Park S W, Jung I S, et al. Highly flexible titanium dioxide-based resistive switching memory with simple fabrication. Appl. Phys. Express, 2014, 7: 101801.

[30] Pham K N, Hoang V D, Tran C V, et al. TiO$_2$ thin film based transparent flexible resistive switching random access memory. Adv. Nat. Sci.: Nanosci. Nanotechnol, 2016, 7: 015017.

[31] Kim S, Yarimaga O, Choi S J, et al. Highly durable and flexible memory based on resistance switching. Solid-State Electronics, 2010, 54: 392-396.

[32] Kim S, Moon H, Gupta D, et al. Resistive switching characteristics of sol-gel zinc oxide films for flexible memory applications. IEEE T. Electron Dev., 2009, 56: 696-699.

[33] Wu X H, Xu Z M, Yu Z Q, et al. Resistive switching behavior of photochemical activation solution-processed thin films at low temperatures for flexible memristor applications. J. Phys. D: Appl. Phys., 2015, 48: 115101.

[34] Hosseini N R, Lee J S. Resistive switching memory based on bioinspired natural solid polymer electrolytes. ACS Nano, 2015, 9: 419-426.

[35] Liang L, Li K, Xiao C, et al. Vacancy associates-rich ultrathin nanosheets for high performance

and flexible nonvolatile memory device. J. Am. Chem. Soc., 2015, 137: 3102-3108.

[36] Jeong H Y, Kim J Y, Kim J W, et al. Graphene oxide thin films for flexible nonvolatile memory applications. Nano Lett., 2010, 10: 4381-4386.

[37] Yuan F, Ye Y R, Lai C S, et al. Retention behaviour of graphene oxide resistive switching memory. Int. J. Nanotechnol., 2014, 11: 106-115.

[38] Wang Z Q, Xu H Y, Li X H, et al. Flexible resistive switching memory device based on amorphous InGaZnO film with excellent mechanical endurance. IEEE Electron Device Letters, 2011, 32: 1442-1444.

[39] Liu P T, Chu L W, Teng L F, et al. Transparent amorphous oxide semiconductors for system on panel applications. ECS Transactions, 2012, 50: 257-268.

[40] Choi J M, Kim M S, Seol M L, et al. Transfer of functional memory devices to any substrate. Phys. Status Solidi RRL, 2013, 7: 326-331.

[41] Ali S, Bae J, Lee C H. Printed non-volatile resistive switches based on zinc stannate ($ZnSnO_3$). Curr. Appl. Phys., 2016, 16: 757-762.

[42] Jang J, Pan F, Braam K, et al. Resistance switching characteristics of solid electrolyte chalcogenide Ag_2Se nanoparticles for flexible nonvolatile memory applications. Adv. Mater., 2012, 24: 3573-3576.

[43] Deleruyelle D, Putero M, Ouled-Khachroum T, et al. $Ge_2Sb_2Te_5$ layer used as solid electrolyte in conductive-bridge memory devices fabricated on flexible substrate. Solid-State Electronics, 2013, 79: 159-165.

[44] Han S T, Zhou Y, Chen B, et al. Hybrid flexible resistive random access memory-gated transistor for novel nonvolatile data storage. Small, 2016, 12: 390-396.

[45] Huang R, Tang Y, Kuang Y B, et al. Resistive switching in organic memory device based on parylene-C with highly compatible process for high-density and low-cost memory applications. IEEE T. Electron. Dev., 2012, 59: 3578-3582.

[46] Cai Y M, Tan J, Liu Y F, et al. A flexible organic resistance memory device for wearable biomedical applications. Nanotechnology, 2016, 27: 275206.

[47] Bhansali U S, Khan M A, Cha D K, et al. Metal-free, single- polymer device exhibits resistive memory effect. ACS Nano, 2013, 7: 10518-10524.

[48] Bhansali U S, Khan M A, Cha D K, et al. Metal-free, single-polymer device exhibits resistive memory effect. ACS Nano, 2015, 9: 7306-7313.

[49] Jang B C, Seong H, Kim S K, et al. Flexible nonvolatile polymer memory array on plastic substrate via initiated chemical vapor deposition. ACS Appl. Mater. Interfaces, 2016, 8: 12951-12958.

[50] Pan L, Ji Z H, Yi X H, et al. Metal-organic framework nanofilm for mechanically flexible information storage applications. Adv. Funct. Mater., 2015, 25: 2677-2685.

[51] Ju Y C, Kim S, Seong T G, et al. Resistance random access memory based on a thin film of CdS nanocrystals prepared via colloidal synthesis. Small, 2012, 8: 2849-2855.

[52] Park S, Cho K, Kim S. Memory characteristics of flexible resistive switching devices with triangular-shaped silicon nanowire bottom electrodes. Semicond. Sci. Technol., 2015, 30: 055019.

[53] Cheng C H, Yeh F S, Chin A. Low-power high-performance non-volatile memory on a flexible

substrate with excellent endurance. Adv. Mater., 2011, 23: 902-905.

[54] Fang R C, Sun Q Q, Zhou P, et al. High-performance bilayer flexible resistive random access memory based on low-temperature thermal atomic layer deposition. Nanoscale Research Letters, 2013, 8: 92.

[55] Tian H, Chen H Y, Ren T L, et al. Cost-effective, transfer-free, flexible resistive random access memory using laser-scribed reduced graphene oxide patterning technology. Nano Lett., 2014, 14: 3214-3219.

[56] Dai Y W, Chen L, Yang W, et al. Complementary resistive switching in flexible RRAM devices IEEE Electron Device Letters, 2014, 35: 915-917.

[57] Jeong H Y, Lee J Y, Choi S Y. Interface-engineered amorphous TiO_2-based resistive memory devices. Adv. Funct. Mater., 2010, 20: 3912-3917

[58] Khurana G, Misra P, Kumar N, et al. Tunable power switching in nonvolatile flexible memory devices based on graphene oxide embedded with ZnO nanorods. J. Phys. Chem. C, 2014, 118: 21357-21364.

[59] Ali S, Bae J, Lee C H, et al. All-printed and highly stable organic resistive switching device based on graphene quantum dots and polyvinylpyrrolidone composite. Org. Electron., 2015, 25: 225-231.

[60] Huang X, Zheng B, Liu Z D, et al. Coating two-dimensional nanomaterials with metal-organic frameworks. ACS Nano, 2014, 8: 8695-8701.

[61] Hwang S K, Lee J M, Kim S, et al. Flexible multilevel resistive memory with controlled charge trap band N-doped carbon nanotubes. Nano Lett., 2012, 12: 2217-2221.

[62] Kim S, Yarimaga O, Choi S J, et al. Highly durable and flexible memory based on resistance switching. Solid-State Electron., 2010, 54: 392-396.

[63] Choi J M, Kim M S, Seol M L, et al. Transfer of functional memory devices to any substrate. Phys. Status Solidi RRL, 2013, 7: 326-331.

[64] Jeong H Y, Lee J Y, Choi S Y. Interface-engineered amorphous TiO_2-based resistive memory devices. Adv. Funct. Mater., 2010, 20: 3912-3917.

[65] Yoo H G, Kim S, Lee K J. Flexible one diode-one resistor resistive switching memory arrays on plastic substrates. RSC Adv., 2014, 4: 20017.

[66] Soo K K, Yue Z, Houk J, et al. Large-scale pattern growth of graphene films for stretchable transparent electrodes. Nature, 2009, 457: 706-710.

[67] Stoyanov H, Kollosche M, Risse S, et al. Soft conductive elastomer materials for stretchable electronics and voltage controlled artificial muscles. Adv. Mater., 2013, 25: 578-583.

[68] Xu F, Zhu Y. Highly conductive and stretchable silver nanowire conductors. Adv. Mater., 2012, 24: 5117-5122.

[69] Li P C, Sun K, Ouyang J Y. Stretchable and conductive polymer films prepared by solution blending. ACS Appl. Mater. Interfaces, 2015, 7: 18415-18423.

[70] Akter T, Kim W S. Reversibly stretchable transparent conductive coatings of spray-deposited silver nanowires. ACS Appl. Mater. Interfaces, 2012, 4: 1855-1859.

[71] Hallinan D T, Balsara N P. Polymer electrolytes. Annual Review of Materials Research, 2013, 43: 503-525.

[72] Lai Y, Wang Y, Huang Y, et al. Rewritable, moldable, and flexible sticker-type organic memory

on arbitrary substrates. Adv. Funct. Mater., 2014, 24: 1430-1438.

[73] Shang J, Liu G, Yang H L, et al. Thermally stable transparent resistive random access memory based on all-oxide heterostructures. Adv. Funct. Mater., 2014, 24: 2171-2179.

[74] Lai Y C, Huang Y C, Lin T Y, et al. Stretchable organic memory: Toward learnable and digitized stretchable electronic applications. NPG Asia Mater., 2014, 6: e87.

[75] Wang J T, Saito K, Wu H C, et al. High-performance stretchable resistive memories using donor-acceptor block copolymers with fluorine rods and pendent isoindigo coils. NPG Asia Mater., 2016, 8: e298.

[76] Hickmott T W. Low-frequency negative resistance in thin anodic oxide films. J. Appl. Phys., 1962, 33: 2669-2682.

[77] Liu S Q, Wu N J, Ignatiev A. Electric-pulse-induced reversible resistance change effect in magnetoresistive films. Appl. Phys. Lett., 2000, 76: 2479.

[78] Jeong H Y, Kim Y I, Lee J Y, et al. A low-temperature-grown TiO$_2$-based device for the flexible stacked RRAM application. Nanotechnology, 2010, 21: 115203.

[79] Cheng C H, Yeh F S, Chin A. Low-power high-performance non-volatile memory on a flexible substrate with excellent endurance. Adv. Mater., 2011, 23: 902-905.

[80] Jang J, Pan F, Braam K, et al. Resistance switching characteristics of solid electrolyte chalcogenide Ag$_2$Se nanoparticles for flexible nonvolatile memory applications. Adv. Mater., 2012, 24: 3573-3576.

[81] Ju Y C, Kim S, Seong T G, et al. Resistance random access memory based on a thin film of CdS nanocrystals prepared via colloidal synthesis. Small, 2012, 8: 2849-2855.

[82] Chang H C, Liu C L, Chen W C. Flexible nonvolatile transistor memory devices based on one-dimensional electrospun P3HT: Au hybrid nanofibers. Adv. Funct. Mater., 2013, 23: 4960-4968.

[83] Hwang S K, Lee J M, Kim S, et al. Flexible multilevel resistive memory with controlled charge trap band N-doped carbon nanotubes. Nano Lett., 2012, 12: 2217-2221.

[84] Ali S, Bae J, Lee C H, et al. All-printed and highly stable organic resistive switching device based on graphene quantum dots and polyvinylpyrrolidone composite. Org. Electron., 2015, 25: 225-231.

[85] Seo J W, Park J W, Lim K S, et al. Transparent flexible resistive random access memory fabricated at room temperature. Appl. Phys. Lett., 2009, 95: 133508.

[86] Ji Y S, Zeigler D F, Lee D S, et al. Flexible and twistable non-volatile memory cell array with all-organic one diode-one resistor architecture. Nat. Commun., 2013, 4: 2707.

[87] Nagashima K, Koga H, Celano U, et al. Cellulose nanofiber paper as an ultra flexible nonvolatile memory. Sci. Rep., 2014, 4: 5532.

[88] Chang H Y, Yang S X, Lee J H, et al. High-performance, highly bendable MoS$_2$ transistors with high-K dielectrics for flexible low- power systems. ACS Nano, 2013, 7: 5446-5452.

[89] Shang J, Xue W H, Ji Z H, et al. highly flexible resistive switching memory based on amorphous-nanocrystalline hafnium oxide films. Nanoscale, 2017, 9: 7037-7046.

[90] Ji Y, Cho B, Song S, et al. Stable switching characteristics of organic nonvolatile memory on a bent flexible substrate. Adv. Mater., 2010, 22: 3071-3075.

[91] Lee S, Kim H, Yun D J, et al. Resistive switching characteristics of ZnO thin film grown on

stainless steel for flexible nonvolatile memory devices. Appl. Phys. Lett., 2009, 95: 262113.

[92] Jung S, Kong J, Song S, et al. Flexible resistive random access memory using solution-processed TiO$_x$ with Al top electrode on Ag layer-inserted indium-zinc-tin-oxide-coated polyethersulfone substrate. Appl. Phys. Lett., 2011, 99: 142110.

第8章　柔性发光材料与器件

8.1　引　　言

发光技术在照明和信息显示方面拥有着巨大的应用领域和广泛的前景。随着科学技术的不断发展和进步，尤其是可穿戴智能设备的兴起，柔性发光技术也得到了蓬勃的发展。近年来，柔性发光器件的轻、薄、可挠曲和耐冲击等潜在优势日益突显[1-20]，苹果 Apple Watch 智能手表、三星 Galaxy S6 智能手机、京东方柔性 AMOLED 显示屏等都已采用柔性发光技术来制造显示面板。

柔性发光技术包含多种原理和技术实施途径，如热致发光、光致发光、电致发光以及等离子体发光等[20-29]。一般来说，电致发光原理是比较高效和方便的技术手段。而从实际应用角度出发，以发光二极管（LED）为代表的电致发光技术则是目前应用最广泛的发光技术之一，主要应用于照明和信息显示等领域。柔性发光器件除具有刚性器件常规发光特点之外，还具有很多常规发光器件所不具备的特殊优点。例如，①可弯曲性。柔性发光器件最突出的特点和优势就是可制作在透光性比较高的聚酯类薄膜 PET、超薄玻璃（如 50μm 厚柔性玻璃薄片）以及金属箔片等多种衬底之上，从而具有能弯曲或被卷成任意形状的特性。②质量轻、外形薄。由于聚酯类塑料衬底质量轻且柔韧性好，因此制作在该类衬底上的柔性发光器件同时具有轻和薄两方面优势，质量为玻璃衬底发光器件的 1/10 左右。③耐用性更强。由于柔性发光器件的衬底具有良好的柔韧性能，其不容易破损并且耐冲击，与玻璃衬底器件相比更耐用[29-34]。

本章首先将简要介绍柔性电致发光技术的基本原理、器件结构、性能参数以及发展历程，然后从柔性衬底支撑材料、柔性透明电极材料以及柔性发光材料三个方面概述柔性电致发光器件的研究现状。

8.2　柔性发光器件的概况

8.2.1　发光技术的基本原理与器件结构

柔性电致发光器件是在常规的电致发光器件基础上衍化而来的，其工作原理及基本技术都遵循常规电致发光器件的基本原则，而特殊之处则在于其衬底材料、透明电极以及发光功能材料的柔性化问题。因此在介绍柔性发光技术的研究工作进展之前，先简单介绍常规电致发光器件的基本工作原理和器件结构。

一般来说，电致发光是指在直流或交流电场作用下，发光材料依靠电流或者电场激发，将电能直接转换成光能的物理过程。电致发光效应存在两种光-电转换机制，包括：①发光体中的电子在电压作用下受热与发光体中心碰撞或激发后引起的发光，即本征的电致发光；②由载流子注入而引起 P-N 结界面处带负电的电子和带正电的空穴复合造成的发光，即电荷注入电子发光。通常的日光灯主要是基于本征电致发光机制，而发光二极管的工作原理则是电荷注入型的电致发光。其中，LED发光尤其是 OLED（有机发光二极管）技术因其突出的高量子效率、良好的半导体特性、成膜性、热稳定性、化学稳定性、光稳定性以及机械柔韧性，近年来在柔性照明和信息显示器件方面得到了广泛的关注和应用。OLED 发光主要包含四个物理过程[8](图 8.1)：①载流子注入，在外电场作用下，空穴和电子分别由阳极和阴极向有机层注入；②载流子迁移，载流子注入导致有机分子受激处于离子状态，并与相邻分子通过跳跃或隧穿传递的方式使载流子向对电极运动并进入发光层；③载流子复合，注入的电子和空穴在 P-N 结界面处经库仑力作用结合产生寿命为皮秒至纳秒的激子；④辐射发光，激子以辐射跃迁或非辐射跃迁的方式回到基态并实现发光。

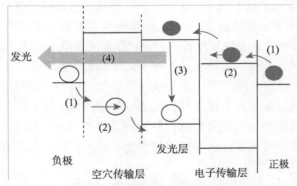

图 8.1 电致发光机制示意图

目前 OLED 发光器件所用的材料，按化合物的分子结构主要分为高分子聚合物和小分子有机化合物两大类，根据其在器件中的作用又可以分为发光材料、缓冲层材料、载流子传输材料和电极材料。其中载流子传输材料包括空穴传输和电子传输两类。各种类型材料种类繁多，可选择范围广，同时材料性能还可以通过分子设计进行进一步优化提高[9]。相对应的，OLED 发光器件结构属于三明治结构，即发光层被两侧电极夹在中间，且其中一侧透明电极用于透射光。有机器件制膜温度低，常用的阳极材料多为 ITO（indium tin oxides，是一种 N 型氧化物半导体-氧化铟锡透明导电膜）。在 ITO 透明电极上通过蒸镀法或旋转涂层法制备载流子传输层、发光层以及缓冲层等有机膜,最后在有机膜上沉积金属阴极。

　　通过几十年的发展,目前 OLED 器件根据有机膜的功能主要可分为单层、双层、三层和多层四类结构(图 8.2)[1-16, 35-40]。根据出光界面的不同,器件类型还可以分为底发射、顶发射和透明器件;按发光单元的数量可分为单个发光单元器件和叠层。在具体的实际应用中,考虑到不同的器件结构要求(如顶发射或者底发射)和材料属性(如荧光或者磷光),器件在设计上还可采用特殊结构和优化功能层来提高发光器件性能。

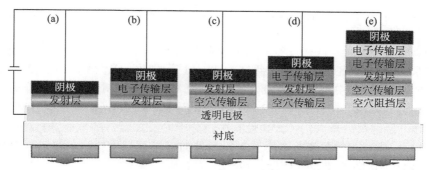

图 8.2　电致发光器件结构的分类:(a)单层器件;(b)和(c)双层器件;
(d)三层器件;(e)多层器件

　　在 OLED 器件结构中,最基本的结构是单层结构。在阴极、发光层和阳极三明治结构中,空穴和电子分别从阳极和阴极注入,在发光层中复合从而导致发光。单层 OLED 器件优势在于制作工艺简单,只是发光材料通常是偏单极性的,电子和空穴传输特性差异性比较大。单层器件发光层中电子与空穴复合区靠近某一电极材料,会导致激子大量淬灭,从而造成单层发光器件的发光效率很低,甚至不发光[9]。因此人们又发展了双层、三层以及多层结构,在其中引入了阳极注入层、发光层、激子阻挡层、空穴阻挡层、电子传输层以及电子注入层等,电子与空穴复合区域远离电极材料,平衡电子和空穴载流子注入速率,有效调节注入器件数目,提高器件发光量子效率以及器件稳定性等特性[9]。

8.2.2　发光器件的基本性能参数

　　发光器件的基本性能参数包括发光效率和器件寿命等。

1. 发光效率

　　发光效率是衡量发光器件性能的重要指标,包括量子效率、电流效率和功率效率。量子效率是器件出射光子数与注入载流子数之比,又分为内量子效率和外量子效率。内量子效率是器件内部电致发光产生的光子总数与注入载流子总数之比;外量子效率是出射光子总数与注入载流子总数之比。电流效率表示单位电流下的发光亮度(单位 cd/A)。功率效率指输出光功率或光通量与输入电功率之比(单位 lm/W)[8]。

2. 器件寿命

寿命是发光器件实现商业化应用的另一重要性能指标。器件寿命,这里指亮度寿命,即器件亮度衰减到初始亮度 50%(或 75%)的平均工作时间[10]。白炽灯寿命 750~2500h,荧光灯寿命 20000h,具有实际固态照明应用的白光 OLED 寿命需要达到 10000h。Lin 等[41]制作白光 OLED 初始亮度为 300cd/cm^2 时,寿命达到 40000h。Burrows 等[42]报道的 PIN 型堆叠白光 OLED,初始亮度为 1000cd/m^2 时,寿命超过 100000h。

8.2.3   柔性发光器件的发展历程

OLED 柔性发光器件在可弯曲照明和柔性显示方面具有巨大的潜在优势。美国加州大学 Heeger 研究小组[2]1992 年在 *Nature* 上首次报道柔性 OLED 发光器件,在柔性透明衬底材料 PET 上将聚苯胺(PANI)或聚苯胺混合物制成导电膜,作为 OLED 发光器件透明阳极,拉开了 OLED 柔性显示的序幕[11]。Forrest 等[43]于 1997 年采用 ITO 为导电层材料启发人们扩大柔性有机小分子 OLED 器件的电极选材范围。2000 年,新加坡 Zhu 等[44]在薄玻璃片上制备透明 ITO 透明导电膜,获得了与常规玻璃基底 OLED 相仿的柔性 OLED 发光特性。

在产业界方面,2003 年日本先锋推出 15in 像素为 160×120 的全彩 PM-OLED 柔性显示器,2008 年韩国三星公司推出 4in 柔性 OLED 显示屏,2009 年日本三星和索尼分别推出了可折叠 OLED 显示屏。2014 年韩国 LG 和三星分别在大面积显示和中小型面板方面取得突破。2016 年,韩国 LG 公司宣布投入 17.5 亿美元以提高柔性 OLED 显示器的产量,满足不断增长的市场需求。2017 年 10 月,中国京东方也发布了基于 OLED 显示屏的柔性手机[11]。

8.3   柔性发光材料与器件的研究现状

8.3.1   柔性衬底支撑材料

柔性发光器件的衬底选择至关重要。柔性衬底包括高分子柔性衬底、金属箔片、超薄玻璃、石墨烯等几大类别[11]。选用合适的柔性衬底材料,则需要考察其本身的耐热、光学、机械以及阻水氧穿透等方面性能能否满足器件应用需求,包括:①光学特性,如光穿透度、光色泽、折射系数等;②耐热特性,如热裂解温度、玻璃转移温度、热膨胀系数等;③机械特性,包括表面硬度、机械强度等;因为使用过程中需能承受人为触碰以及可穿戴、可收纳等严苛环境考验,所以不受损伤也是考察衬底性能的重要一环;④阻水气和氧气穿透特性,这两个参数是评价衬底封装阻水能力好坏最常用的指标。如何在柔性显示器上制造高信赖性封装结构且具备弯曲性能，是提高柔性 OLED 寿命最重要的课题[1,3,6,8-14]。

以聚酰亚胺为主的塑胶材料由于具有易于制备、质量轻、柔韧性好等优点，在业界已经成为制备柔性基板最为流行的材料。但大规模实际器件应用时还需要解决两个问题：高分子衬底不能承受高温，这对在其上制作 OLED 造成很多不便；此外这些材料对水氧的阻挡作用很弱，不足以达到显示设备的要求[11]。相比较而言，金属箔片（厚度为几十微米）在高温工艺下稳定性好，材料获取比较容易，是目前柔性显示中应用较多的衬底材料[11]。LG 和 UDC4 都发布了以金属箔片为衬底的柔性 OLED 器件。但是金属箔片同时也存在一些问题，如表面粗糙度大，以及由于金属不透明需采用顶发射结构等。而目前技术成熟的 OLED 器件均为底发射结构，因此对基于金属箔片柔性衬底 OLED 的制备提出了更高要求[11]。此外，韩国高等科学技术研究院 Kwon 等[45]选用柔性纤维布作为衬底材料制备基于 Alq_3 的发光 OLED 器件（图 8.3），能够在 5mm 曲率半径进行 1000 次弯曲之后保持发光性能稳定。他们还采用浸渍涂布方法[46]制备了 PLED 器件。这两种方法的柔性发光器件易于集成到纺织衣物中，可能在可穿戴设备中获得应用。

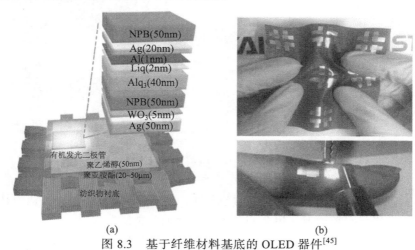

(a)　　　　　　　　　　　　　　　(b)

图 8.3　基于纤维材料基底的 OLED 器件[45]

8.3.2　柔性透明电极材料

柔性发光器件中的透明电极材料，除了要求具有低电阻率和良好的透光性以外，还要求具有与柔性衬底的附着性良好、低温制备工艺以及机械柔韧性等特点。

ITO（氧化铟锡透明导电膜）作为一种常规的透明阳极材料，具有良好的电导率和光透过率，广泛应用于 OLED 领域。特别是采用 PEDOT:PSS（PEDOT 是聚 3,4-乙撑二氧噻吩，PSS 是聚苯乙烯磺酸盐）作为高分子电极时，需要以 ITO 作为支持层。只是在柔性 OLED 应用中，ITO 存在韧性较差等缺点，易断裂而导致器件失效[11]。因而，作为传统发光显示器件中透明导电的阳极材料 ITO 已经无法适应柔性发光和显示器件在弯曲或卷曲等情况下的应用,探索新型导电材料已成为柔性显示中一个重要研究课题。新型导电替代材料除了要求导电性好、透光性好、功函数匹配,机械延展性也是需要特别考虑的问题。

超薄金属阳极、银纳米线和石墨烯等材料是目前主要关注的柔性透明电极材料(图 8.4)。在聚碳酸酯塑料基底上,吕正红等[47]提出了一种新型超薄金属阳极材料($Ta_2O_5/Au/MO_3$),采用这种阳极的新型阳极结构的白光器件外量子效率由传统 ITO/MO_3 阳极材料的 25%提升到 40%。而且,$Ta_2O_5/Au/MO_3$ 阳极材料可直接溅射在柔性聚碳酸酯塑料衬底上,在制备工艺上具有优势。

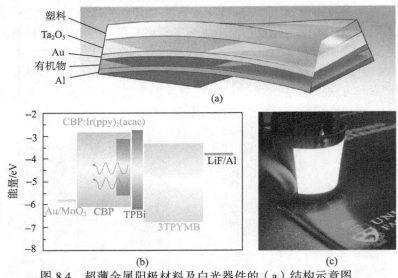

图 8.4　超薄金属阳极材料及白光器件的(a)结构示意图、
(b)能级图和(c)实物照片[47]

另一方面,银纳米线具有优良的导电性、透光性和耐曲挠性,被认为是柔性发光和显示器件最有可能取代传统 ITO 透明电极的一种候选材料。目前一般采用涂布印刷方法制备柔性银纳米线透明导电薄膜,其表面电阻达到 ~ 15Ω/sq,透光率为83%。除了良好的导电性能以外,柔性银纳米线透明导电薄膜还具备其他优势,如稳定性能和弯曲性能良好、疲劳性能优异、对湿度和高温抗干扰性能好等[11]。Lee 等[48]报道了使用柔性银纳米线透明导电薄膜制备的柔性发光器件,并关注了其作为阳极材料时与传统 ITO 膜性能对比的情况(图 8.5)。

Li 等[49]研究发现,使用纳米复合物光取出结构作为器件阳极可以有效提高柔性有机发光电化学池的发光效率(图 8.6)。他们以碳纳米管和银纳米线为导电材料,将其与钛酸锶钡纳米颗粒一起均匀分散到高分子基体中制备柔性纳米复合阳极结构,发现可以明显提高器件的光取出效率。例如,在 10000cd/m² 亮度下,绿光器件电流效率为 118cd/A,外量子效率为 38.9%,相比于基于玻璃/ITO 器件其发光效率提高 246%；白光器件效率达 46.7cd/A，外量子效率达 30.5%，相比于基于玻璃/ITO 器件其发光效率提高 224%。所制备柔性有机发光电化学池器件机械稳定性良好，在曲率半径 3mm 反复弯曲测试下性能无明显衰减。

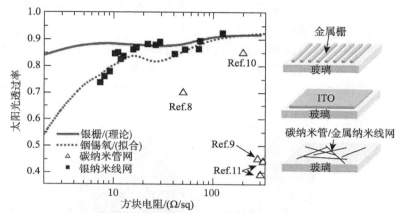

图 8.5　不同电极材料的透光率与方块电阻之间的关系[48]，同时也给出 Ag 纳米线、ITO 拟合数据以及文献中的参考数据

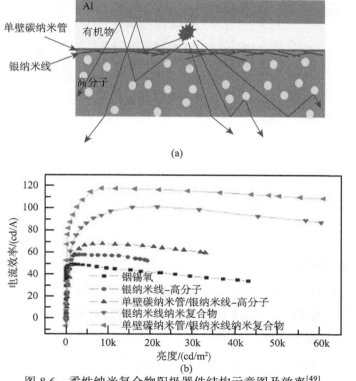

图 8.6　柔性纳米复合物阳极器件结构示意图及效率[49]

2011 年瑞典 Matyba 等[50]报道采用 PEDOT:PSS 作为电极材料来制备柔性、无金属层的有机发光电化学池器件。该器件的发光开启电压为 2.8V，发光亮度为50cd/cm² 时发光效率高达 4.0cd/A。这种在 PET 衬底上基于 PEDOT:PSS 电极制备的柔性发光器件上下电极均为透明，并且不包含任何金属成分，为廉价柔性 OLED 的制备提供了新的思路。另外，韩国浦项科技大学 Lee 等[51]采用具有渐变功函数的自组装注入层修饰石墨烯，成功制备了以石墨烯材料为透明阳极的柔性 OLED 器件（图 8.7）。基于石墨烯阳极绿光器件电流效率从传统 ITO 阳极的 81cd/A 增强到98.1cd/A，且器件展示了良好的柔韧性能，显示出在柔性显示和照明领域的广阔应用前景。

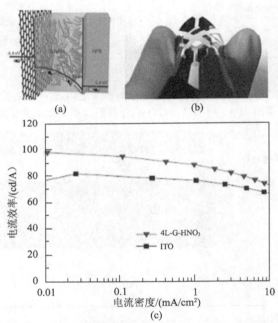

图 8.7　功函数渐变空穴注入层修饰的石墨烯阳极的（a）空穴注入机制示意图，（b）绿光器件照片和（c）绿光器件电流效率[51]

8.3.3　柔性发光材料

柔性发光材料的研究目前已经有很多报道，按照材料的成分主要可分为三大类：柔性有机发光材料、柔性无机发光材料以及柔性新型发光材料。

1. 柔性有机发光材料

对于柔性有机发光材料来说，其本身就具有拉伸和弯曲等柔韧性能，基本可以满足柔性发光器件对于发光材料机械性能的需求。在早期报道的有机发光器件中[3]，驱动电压需要高达 100V。1987 年美国柯达公司 Tang 等[4]首次报道了高亮度、高发光率、低驱动电压的有机小分子电致发光器件（图 8.8）。在该器件中，选用玻璃/ITO 和 Mg:Ag 作底电极和上电极，以 Alq3 和芳香族二胺 (aromatic diamine)作为发光层，在低于 10V 驱动电压下，获得了 1%的外量子效率、1.5lm/W 的发光功率，亮度大于 1000cd/m^2，开创了新的有机发光材料体系，可以满足在低驱动电压下获得高效的电光转换效率。但有机低分子染料的成膜性和加工性较差、易结晶，特别是稳定性差，距实用要求还相差甚远，所以人们将注意力转向具有优异加工性能、成膜性能、结构稳定的共轭聚合物材料[13]。

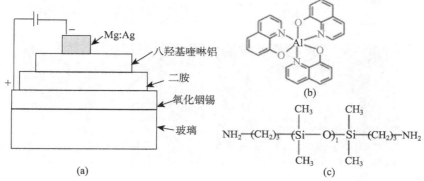

图 8.8　美国柯达公司 Tang 首次报道的高亮度、高发光率、低驱动电压的有机小分子电致发光器件：（a）器件结构示意图，（b）Alq3 结构和（c）芳香族二胺分子结构[4]

　　1990 年剑桥大学的 Burroughs 等[5]首次报道了用聚合物薄膜制备的电致发光器件，开创了聚合物电致发光材料研究的新时代。选用聚合物 p-phenylene vinylene(对苯乙炔)作为大面积发光二极管的功能层，该聚合物具有结构稳定、易于溶液前驱体制备、发光光谱位于绿色–黄色区域、较高的发光效率等多个特点（图 8.9）。

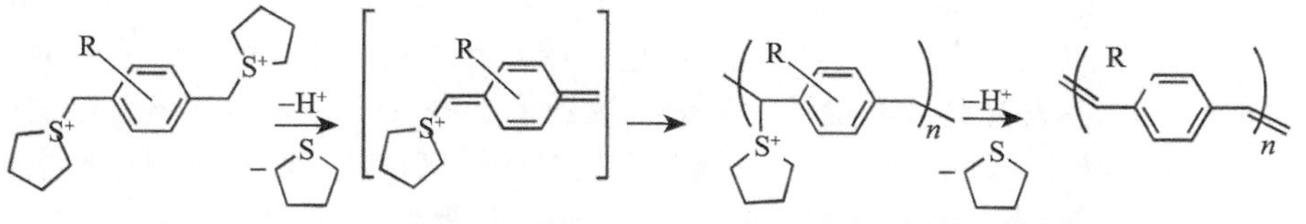

图 8.9　剑桥大学 Burroughs 首次报道聚合物电致发光材料结构[5]

　　近期，加拿大 Windsor 大学 Carmichael 教授等[52]报道了一种新型的有机发光材料，他们将离子–电子混合型导体材料 Ru(dtb-bpy)$_3$(PF$_6$)$_2$ 与 PDMS 基底复合制备了单层的电化学光发生单元，用来取代常规有机 OLED 中发光层、电子空穴注入层、传输层和阻挡层等的多层结构（图 8.10）。由于 Ru(dtb-bpy)$_3$(PF$_6$)$_2$ 具有离子和电子双重导电能力，在电场作用下 PF$_6^-$ 能够发生重新分布，而 Ru^{2+} 则可以在 Ru$^+$ 和 Ru^{3+}

之间进行转换，从而实现电致发光现象。该光发射功能层可同时实现电荷注入、传输和复合发光三个物理过程，从而能够解决多层结构 OLED 器件中不同功能层之间柔韧性难以达到一致的问题。

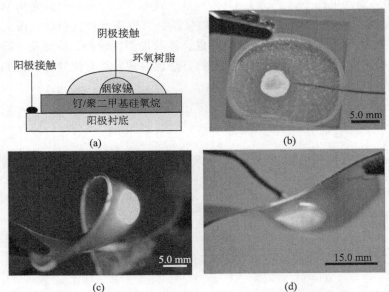

图 8.10　柔性电化学发光器件的（a）单元结构示意图，（b）原型器件照片，（c）扭曲的柔性发光器件和（d）大面积(~175mm)均匀原型发光器件[52]

2. 柔性无机发光材料

无机材料天生的承受应力应变能力比较弱，超过 1%~2%即会发生断裂，因而以无机材料为发光层的柔性器件在弯折或卷曲情况下发光性能会显著降低甚至失效。最近，人们开始尝试采用纳米线、量子点等材料构建发光功能层，以获得基于无机材料的柔性发光器件。新加坡南阳理工大学 Yang 等[53]利用 CdSe/ZnS、CdSe/CdS/ZnS 和 ZnO 等量子点获得了绿色、蓝色和红色三原色的柔性发光原型器件（图 8.11），其发光亮度和量子效率分别达到了 20000cd/m^2 和 4.03%。除这些优异的发光性能以外，量子点发光器件还具有良好的柔韧性能，可在不同曲率半径物体表面使用。巴黎-萨克雷大学 Maria Tchernycheva 课题组[54]利用 In$_{0.2}$Ga$_{0.8}$N/GaN 纳米线制备了柔性白色荧光粉发光器件，发光光谱为 400 ~ 700nm 波段的宽光谱白光，外量子效率为 9.3%。这种白光器件也具有非常好的机械柔韧性能，当弯曲曲率半径为 5mm 时其发光性能没有降低。

3. 柔性新型发光材料

除了常规的有机和无机材料以外，人们也尝试在新型材料的发光性能方面开展研究工作。清华大学 Ren 课题组[55]基于全石墨烯材料制备了光谱范围可调的场效应发光器件（图 8.12）。他们利用在氧化石墨烯/还原石墨烯界面作发光单元，通过调节门电压数值获得 450~750nm 波段可调发光特性，其发光亮度接近 6000cd/m²，发光效率为 1%。

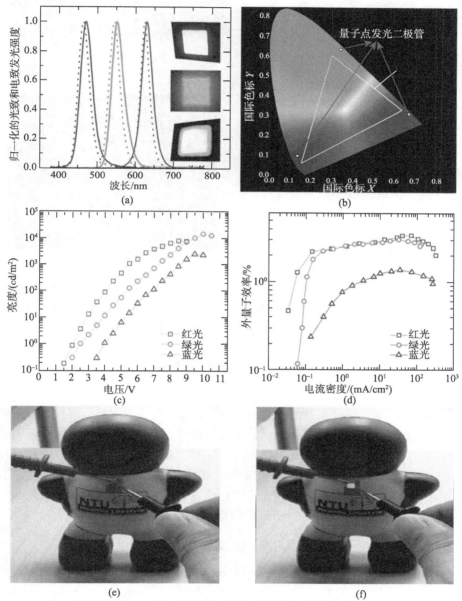

图 8.11　(a)归一化电致发光 PL 谱（插图为红绿蓝三颜色原型器件照片）; (b)三个量子点原型器件 CIE 色坐标与高清电视色彩标准; (c)红、绿和蓝三颜色原型器件在不同电场和电流激励下的发光强度和(d)外量子效率;柔性发光器件在(e) "关"和(f) "开"状态贴在吉祥物上[53](后附彩图)

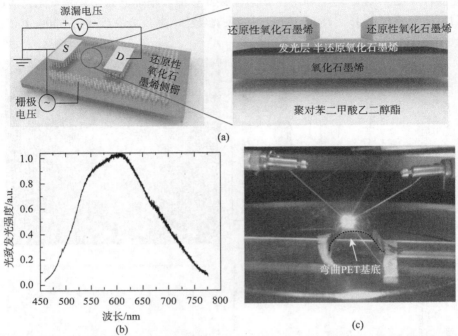

图 8.12　全石墨烯材料的可调光谱发光原型器件(a)结构示意图，(b)半导体石墨烯层的光致发光谱线，以及(c)PET 柔性衬底上石墨烯发光器件照片。样品尺寸为 100mm×100mm，弯曲半径为 8mm，驱动工作电压为 12V，电流为 0.1A[55]

8.4　总结与展望

　　总的来说，柔性发光器件的研究重点包括柔性衬底支撑材料、柔性透明阳极材料、柔性发光材料以及柔性透明薄膜晶体管材料等。近年来，随着柔性基板、柔性发光材料、柔性电极材料等方面取得的巨大进展，柔性发光与显示器件在技术和产业上都有所突破。但是对于柔性及可穿戴器件而言，要求器件具有很强的耐弯折/磨损能力，这就对薄膜材料力学性能指标有了更高的要求，需要进一步研究和优化在应力应变作用下柔性发光与显示材料的稳定性和可靠性。

参 考 文 献

[1]　黄春辉, 李富友, 黄维. 有机电致发光材料与器件导论. 上海：复旦大学出版社, 2005.

[2]　Gustafsson G, Cao Y, Treacy G M, et al. Flexible light-emitting diodes made from soluble conducting polymers. Nature, 1992, 357: 477-479.

[3]　Helfrich W, Schneidere W G. Recombination radiation in radiation in anthracene crystals. Phys. Rev. Lett., 1965,14: 229-231.

[4] Tang C W, VanSlyke S A. Organic electroluminescent diodes. Appl Phys Lett., 1987, 51: 913-915.

[5] Burroughs J H , Bradley D D C, Bro wn A R, et al. Light emitting diodes based on conjugated polymers. Nature,1990, 347: 539-541.

[6] Thejokalyani N, Dhoble S J. Novel approaches for energy efficient solid state lighting by RGB organic light emitting diodes—A review. Renewable and Sustainable Energy Reviews, 2014, 32: 448-467.

[7] 惠娟利 , 华玉林, 张国辉, 等. 柔性有机电致发光器件的寿命. 液晶与显示, 2007, 22: 156-162.

[8] 殷月. 锰掺杂锌基量子点及激基缔合物在有机发光二极管中的应用. 北京交通大学博士学位论文, 2013.

[9] 欧谷平. 有机电致发光材料及器件的研究. 兰州大学博士学位论文, 2006

[10] 白色有机电致发光器件的研究. http://www.docin.com/p-718768839.html.

[11] 徐征, 宋丹丹, 赵谖玲, 等. OLED、柔性、透明化显示技术及有机发光材料的发展和挑战. 现代显示, 2009, 101: 5-10.

[12] 王旭鹏, 密保秀, 高志强, 等. 白光有机发光器件的研究进展. 物理学报, 2011, 60: 087808.

[13] 孟凡宝, 张宝砚. 聚合物电致发光材料的研究现状及应用前景. 化工新型材料, 2000, 28: 29-32.

[14] 李琛, 黄根茂, 段炼, 等. 柔性有机发光二极管材料与器件研究进展. 中国材料进展, 2016, 35: 101-108.

[15] 邱勇, 高鸿锦, 宋心琦. 有机、高分子薄膜电致发光器件的研究进展. 化学进展, 1996, 8: 221-231.

[16] 孙媛媛, 华玉林, 印寿根, 等. 柔性有机薄膜电致发光显示材料及器件. 功能材料, 2005, 34: 161-164.

[17] Li N, Oida S, Tulevski G S, et al. Efficient and bright organic light-emitting diodes on single-layer graphene electrodes. Nat. Commun., 2013, 4: 2294.

[18] Kim T H, Cho K S, Lee E K, et al. Full-colour quantum dot displays fabricated by transfer printing. Nat. Photonics., 2011, 5: 176-182.

[19] Kim D Y, Han Y C, Kim H C, et al. Highly transparent and flexible organic light-emitting diodes with structure optimized for anode/cathode multilayer electrodes. Adv. Funct. Mater., 2015, 25: 7145-7153.

[20] Kang M G, Guo L J. Nanoimprinted semitransparent metal electrodes and their application in organic light-emitting diodes. Adv. Mater., 2007, 19: 1391-1396.

[21] Kang M G, Kim M S, Kim J S, et al.Organic solar cells using nano imprinted transparent metal electrodes. Adv. Mater., 2008, 20: 4408-4413.

[22] Azulai D, Belenkova T, Gilon H, et al. Transparent metal nanowire thin films prepared in mesostructured templates. Nano Lett., 2009, 9:4246-4249.

[23] Bae S, Kim H, Lee Y, et al. Roll-to-roll production of 30-inch graphene films for transparent electrodes. Nature Nanotech., 2010, 5:574-578.

[24] Burrows P E, Graff G L, Gross M E, et al. Ultra barrier flexible substrates for flat panel displays. DISPLAYS, 2001, 22: 65-69.

[25] Cherenack K, Zysset C, Kinkeldei T, et al. Woven electronic fibers with sensing and display

functions for smart textiles, Adv. Mater., 2010, 22:5178-5182.

[26] Choi K H, Nam H J, Jeong J A, et al. Highly flexible and transparent InZnSnO$_x$/Ag/InZnSnO$_x$ multilayer electrode for flexible organic light emitting diodes. Appl. Phys. Lett., 2008, 92: 223302.

[27] Chou C T, Yu P W, Tseng M H, et al. Transparent conductive gas-permeation barriers on plastics by atomic layer deposition. Adv. Mater., 2013, 25: 1750-1754.

[28] Guo C F, Sun T Y, Liu Q H, et al. Highly stretchable and transparent nanomesh electrodes made by grain boundary lithography. Nat. Commun., 2014, 5: 3121.

[29] Han J H, Kim D Y, Kim D, et al. Highly conductive and flexible color filter electrode using multilayer film structure. Scientific Reports, 2016, 6:29341.

[30] Han T H, Lee Y, Choi M R, et al. Extremely efficient flexible organic light-emitting diodes with modified graphene anode. Nat. Photon., 2012, 6:105-110.

[31] Zilberberg K, Gasse F, Pagui R, et al. Highly robust indium-free transparent conductive electrodes based on composites of silver nanowires and conductive metal oxides. Adv. Funct. Mater., 2014, 24:1671-1678.

[32] Zeng W, Shu L, Li Q, et al. Fiber-based wearable electronics: A review of materials, fabrication, devices, and applications. Adv. Mater., 2014, 26:5310-5336.

[33] Yoon J, Lee S M, Kang D, Meitl M A, et al. Heterogeneously integrated optoelectronic devices enabled by micro-transfer printing. Opt. Mater., 2016, 3:1313-1335.

[34] Wu Z C, Chen Z H, Du X, et al. Transparent, conductive carbon nanotube films. Science, 2004, 305: 1273-1276.

[35] Wu H, Hu L B, Rowell M W, et al. Electrospun metal nanofiber webs as high-performance transparent electrode. Nano Lett., 2010, 10: 4242-4248.

[36] White M S, Kaltenbrunner M, Glowacki E D, et al. Ultrathin, highly flexible and stretchable PLEDs. Nature Photon., 2013, 7:811-816.

[37] O'Connor B, An K H, Zhao Y, et al. Fiber shaped organic light emitting device. Adv. Mater., 2007, 19: 3897-3900.

[38] Liang J J, Li L, Niu X F, et al. Elastomeric polymer light-emitting devices and displays. Nature Photon., 2013, 7: 817-824.

[39] Lewis J. Material challenge for flexible organic devices. Mater. Today, 2006, 9: 38-45.

[40] Leo K. Organic light-emitting diodes efficient and flexible solution. Nature Photon., 2011, 5: 716-718.

[41] Lin M F, Wang L, Wong W K, et al. Highly efficient and stable white light organic light-emitting devices. Appl. Phys. Lett., 2007, 91:073517.

[42] Burrows P E, Graff G L, Gross M E, et al. Ultra barrier flexible substrates for flat panel displays. Displays, 2001, 22: 65-69.

[43] Forrest S R. The path to ubiquitous and low-cost organic electronic appliances on plastic. Nature, 2004, 428:911.

[44] Zhu F R, Zhang K, Low B L, et al. Morphological and electrical properties of indium tin oxide films prepared at a low processing temperature for flexible organic light-emitting devices. Mater. Sci. Eng. B, 2001, 85: 114.

[45] Kim W, Kwon S, Lee S M, et al. Soft fabric-based flexible organic light-emitting diodes.

Organic Electronics, 2013, 14: 3007-3013.

[46] Kim H, Kwon S, Choi S, et al. Solution-processed bottom-emitting polymer light-emitting diodes on a textile substrate towards a wearable display. J Inform. Display, 2015, 16:179-184.

[47] Wang Z B, Helander M G, Qiu J, et al. Unlocking the full potential of organic light-emitting diodes on flexible plastic. Nat Photonics，2011, 5:753-757.

[48] Lee J Y, Connor S T, Cui Y, et al. Solution-processed metal nanowire mesh transparent electrodes. Nano Lett, 2008, 8: 689-692.

[49] Li L, Liang J J, Chou S Y, et al. A solution processed flexible nanocomposite electrode with efficient light extraction for organic light emitting diodes. Sci. Rep., 2014,4: 4307.

[50] Matyba P, Yamaguchi H, Chhowalla M, et al. Flexible and metal-free light-emitting electrochemical cells based on graphene and PEDOT-PSS as the electrode materials. ACS Nano, 2011, 5: 574-580.

[51] Tae H H, Young B L, Mi-R Ch, et al. Extremely efficient flexible organic light-emitting diodes with modified graphene anode. Nat Photonics, 2012, 6: 105-111.

[52] Filiatrault H L, Porteous G C, Carmichael R S, et al. Stretchable light-emitting electrochemical cells using an elastomeric emissive material. Adv. Mater., 2012, 24: 2673-2678.

[53] Yang X Y, Mutlugun E, Dang C, et al. Highly flexible, electrically driven, top-emitting, quantum dot light-emitting stickers. ACS Nano, 2014, 8:8224-8231.

[54] Guan N, Dai X, Messanvi A, et al. Flexible white light emitting diodes based on nitride nanowires and nanophosphors. ACS Photonics, 2016, 3: 597-603.

[55] Wang X M, Tian H, Mohammad M A, et al. A spectrally tunable all-graphene-based flexible field-effect light-emitting device. Nat. Commun., 2015, 6: 7767.

第9章　柔性半导体材料与晶体管

9.1　引　　言

迄今为止，半导体材料的研究已经超过了 100 年，共有 60 多种基于半导体材料构建的主要器件和100多种衍生器件相继问世，而晶体管是其中不可缺少的部分。晶体管是具有多重结构的半导体器件，可以实现电压、电流或者信号功率的增益，在显示工业中常被用作像素的选通和驱动单元。Lechner 等[1]于 1971 年建设性地提出了在液晶显示点阵电路电极的交叉点处引入薄膜晶体管（thin film transistor，TFT）的思路，从而实现了开关控制和保留液晶像素单元电压的作用，有效地提高了图像特性，如图 9.1 所示，由此，极大地引起了人们对薄膜晶体管在显示器领域应用的兴趣。

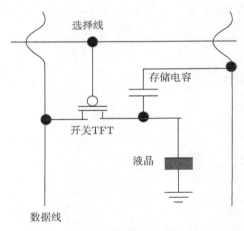

图 9.1　TFT-LCD 单元像素等效电路图

近年来，柔性薄膜晶体管因具有可折叠、质量轻、低成本等优势，在柔性电子产品中，如柔性显示器、柔性传感器和柔性集成电路等方面具有广阔的应用前景，备受当前研究者们的关注。虽然柔性薄膜晶体管的性能有了明显提高，但仍存在一些挑战，例如，器件的性能以及稳定性易受柔性衬底的弯曲影响等。本章结合国内外柔性薄膜晶体管的发展情况，首先介绍了柔性薄膜晶体管的器件结构、相关工作原理以及评价参数；然后，总结了柔性薄膜晶体管当前使用的主要材料，包括有源层、栅绝缘层、电极及衬底材料等；最后对柔性薄膜晶体管当前的应用情况进行总结并展望其未来发展趋势。

9.2　柔性薄膜晶体管的器件结构与工作原理

如图 9.2 所示，柔性薄膜晶体管是由柔性衬底、栅电极、介电层、半导体有源层，以及源漏电极组成的三端式器件，即通过三个电极控制器件开启和关闭。一般来讲，柔性薄膜晶体管分为顶栅极底接触、顶栅极顶接触、底栅极顶接触和底栅极底接触四种较为常见的器件结构。目前学术界研究设计柔性薄膜晶体管所采用最多的结构[2]是底栅极顶接触结构，这主要是因为此结构制备过程相对简单而且具有良好的界面接触特性。

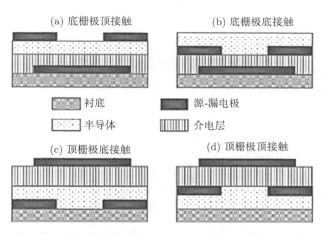

图 9.2　柔性薄膜晶体管的四种基本器件结构：(a)底栅极顶接触、(b)底栅极底接触、
(c)顶栅极底接触和(d)顶栅极顶接触

薄膜晶体管的工作原理类似于 MOSFET（金属-氧化物半导体场效应晶体管），也分为截止区、线性区、饱和区和击穿区。下面以 n 型沟道材料为例，对各区的特性进行分析描述。其主要包括栅源电压（V_{GS}）、源漏电压（V_{DS}）、源漏电流（I_{DS}）、阈值电压（V_{th}）等性能描述参数。

当栅源极电压 V_{GS} 小于阈值电压 V_{th} 时，源漏电流 I_{DS} 不受源漏电压 V_{DS} 的影响，即无论 V_{DS} 多大，I_{DS} 都较小，因为半导体层中的自由电子在 V_{GS} 较小时都被耗尽，此时导电沟道并没有形成，而对应的电流为器件的关态电流。图 9.3 为截止区有源层中导电沟道的形状示意图及对应的输出特性曲线。

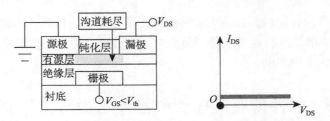

图 9.3　截止区有源层中导电沟道形状示意图及对应的输出特性曲线

当 $V_{GS} > V_{th}$ 时，在栅电场作用下有源层中的自由电子向栅绝缘层界面移动，在靠近绝缘层的有缘层内形成电子积累层。当在源漏电极上施加一定电压后，从源极注入的电子经栅电压诱导在有源层中形成导电沟道，这些电子越过漏极和半导体有源层的接触势垒，形成源漏电流 I_{DS}。随着 V_{DS} 的增加，I_{DS} 呈线性增加，器件状态进入线性区。图 9.4 为此时有源层中导电沟道的形状（灰色区域）示意图以及对应的输出特性曲线。利用逐次沟道近似，可以得知线性区源漏电流的表达式如下式所示：

$$I_{DS} = \frac{WC_{ox}\mu}{2L}\left[2(V_{GS}-V_{th})V_{DS}\right] \tag{9.1}$$

其中，C_{ox} 为绝缘层单位面积电容；μ 为器件的迁移率。

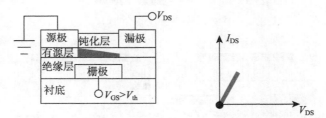

图 9.4　线性区有源层中导电沟道的形状示意图及对应的输出特性曲线

器件进入线性区后，当 V_{DS} 进一步增加到 $V_{DS}=V_{GS}-V_{th}$ 时，导电沟道被夹断，有源沟道中靠近漏极一侧的电压与栅极电压恰好等于阈值电压，此时的源漏电压为 V_{DS}（饱和）。有源层沟道中的夹断点（P）在 V_{DS} 增加的同时不断向源极扩展。夹断区域的电子浓度小，电阻率高，V_{DS} 中大于 V_{DS}（饱和）的电压部分几乎全部降落在夹断区。当导电沟道长度的变化 ΔL 远小于初始沟道长度 L 时，器件处于饱和区状态，即源漏电流 I_{DS} 保持不变。图 9.5 为此时有源层中导电沟道的形状示意图及对应的输出特性曲线。该区域的源漏电流表达式如下式所示：

$$I_{DS} = \frac{WC_{ox}\mu}{2L}(V_{GS}-V_{th})^2 \tag{9.2}$$

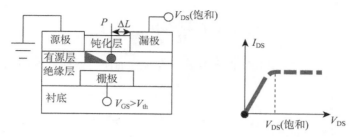

图 9.5　饱和区有源层中导电沟道的形状示意图及对应的输出特性曲线

当 V_{DS} 增加到某一特定值后，源漏电极之间会发现击穿现象，I_{DS} 急剧增加，甚至直接导通，容易导致器件损坏而失去晶体管性能。因此，应尽量避免器件在该状态下工作。

9.3　柔性薄膜晶体管的重要性能参数

对于柔性 TFT 而言，评价其器件性能优劣的主要参数有：阈值电压（V_{th}）、器件迁移率（μ）、亚阈值摆幅（SS）、电流开关（I_{on}/I_{off}）以及器件的机械柔性。通常，V_{th} 越接近零伏，SS 越小，μ 和 I_{on}/I_{off} 越高，机械柔性越好，表明器件的性能越优异。通过对器件的转移特性曲线和输出特性曲线进行拟合计算可以得出这些参数；而对于器件的机械柔性，通常是测试其在不同应变条件下是否能够继续保持一致的晶体管特性。

阈值电压：在器件物理中，器件在栅极电压较小的情况下处于截止状态，也就是说无论源漏电压多大，源漏电流都近似为零。而源漏电流只有在栅极电压超过某一电压值时才能形成，而此时的栅极电压称为阈值电压。阈值电压是评价器件性能的重要参数，当阈值电压时，即使器件未加栅压，沟道区也具有较高的载流子浓度，此时只要加上较小的源漏电压，器件就会有电流流过。而需要加一定的负栅压才能使器件处于关断状态，这在实际应用上不仅会使能量消耗增加，而且对于驱动电路的设计也更加复杂。如果阈值电压较正，在未加栅压的情况下，沟道区的载流子浓度较低，所以需要较大的栅压才能使器件工作；这不仅增加了能耗，也影响了器件的稳定性。因此，在实际应用中，比较理想的状态是阈值电压接近零。

在众多影响器件阈值电压的因素中，最主要的因素是源层的特性：因为其电导率由源层中的载流子浓度直接决定，器件的阈值电压随着载流子浓度的升高其值越负。另外，栅电压的作用也明显影响沟道中的载流子浓度。因此，其他的因素(如绝缘层材料及厚度)亦有较明显的影响。

柔性薄膜晶体管的阈值电压可以从器件的转移曲线中提取，根据器件工作在饱和区时的电流-电压关系式（9.2），对其进行开根号可得

$$\sqrt{I_{DS}} = \sqrt{\frac{WC_{ox}\mu}{2L}}(V_{GS} - V_{th})\qquad(9.3)$$

我们可以根据式（9.3），对其线性部分外推至 V_{GS} 轴便可获得器件的阈值电压 V_{th}，如图 9.6 所示。

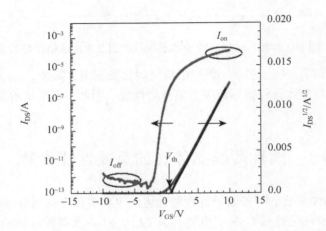

图 9.6 薄膜晶体管的阈值电压、开态电流和关态电流

器件迁移率：迁移率是指载流子（电子或空穴）在单位电场作用下的平均漂移速度，即载流子在电场作用下运动速度快慢的度量。载流子运动速度与其迁移率成正反馈的关系，即载流子运动越快，其迁移率越大；反之则越小。在薄膜晶体管中，存在形式较多的迁移率主要有线性迁移率、饱和区迁移率和有效迁移率，统称为场效应迁移率。一般地，器件的饱和迁移率是文献中主要讨论的。一方面，器件的驱动电流由器件的迁移率和沟道的载流子浓度共同决定，迁移率较大，其所能提供的驱动电流也相对较大；另一方面，器件的迁移率决定了器件的开关响应速度。

在实际的薄膜晶体管中，主要是沟道层特性以及沟道层/绝缘层界面特性影响器件的迁移率。其中沟道层特性主要指沟道层材料的能带结构特性，若材料的导带底附近带隙越少，载流子受到的散射效应也较小，则器件的迁移率较高。另外，器件的迁移率受沟道层/绝缘层界面特性的影响也较明显。通常，薄膜制备方式等因素会导致沟道层/绝缘层界面上存在一定量的界面态等，对载流子有一定的散射作用；此外，该界面附近是沟道层的载流子运动集中的区域；因此，载流子的顺畅传递直接受沟道层/绝缘层界面的特性的影响，进而影响器件的迁移率。

器件的饱和迁移率可以从转移特性曲线中得到。根据上面阈值电压的得出方法，我们定义 $K = (WC_{ox}\mu/2L)^{1/2}$，而 K 即 $(I_{DS})^{1/2}$-V_{GS} 关系曲线的斜率。因此，根据下式

$$\mu = \frac{2LK^2}{WC_{ox}} \qquad (9.4)$$

其中，W 和 L 分别为沟道宽度和长度，C_{ox} 为栅绝缘层单位面积电容；在 K 已知的情况下便可以得到器件的饱和迁移率，其单位为 $cm^2/(V·s)$。

亚阈值摆幅：即 SS，指在一定的源漏电压下，源漏电流增加一个量级所需要的栅极电压增量。其表达式可表示为

$$SS = \left(\frac{dlogI_{DS}}{dV_{GS}} \right)^{-1} \qquad (9.5)$$

其单位为 V/decade。在实际薄膜晶体管中，SS 主要关注器件由关态到开态的变化过程，源漏电流急剧上升的区间（图 9.7）。SS 较大，表明实现相同的 I_{DS} 增量需要较大的栅电压增量；反之，SS 较小，表明实现变化仅需要较小的栅压增量。实际上 SS 的翻译是，有源层载流子受栅极电压的调控情况。

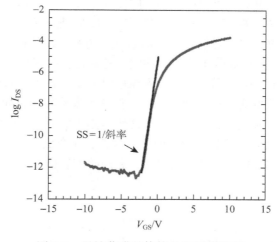

图 9.7　柔性薄膜晶体管的亚阈值摆幅

电流开关比：薄膜晶体管的电流开关比是指器件的开态电流（I_{on}）与关态电流（I_{off}）的比值。如图 9.6 所示，它反映了器件的开启和关断的能力，驱动能力与 I_{on} 值成正反馈关系，关断能力与 I_{off} 值成负反馈关系。在实际的 AMOLED 显示应用中，代表薄膜晶体管器件所能提供驱动电流的大小是 I_{on} 的值，其值直接决定了 OLED 的亮度强度；I_{off} 的大小直接关系着器件电势的保持能力，同时也影响器件的功耗。总体来说，电流开关比越大是我们所希望的。

机械柔性：是薄膜晶体管在受到弯折、拉伸以及扭折情况下是否能够保持良好性能的参数，也是评价柔性薄膜晶体管的一个重要参数，这一标准越大越好。但事实上，这一参数取决于晶体管的材料，包括栅绝缘层、半导体（有源）层、电极以

及衬底。9.4 节将重点介绍组成柔性薄膜晶体管的各种材料。

9.4 柔性薄膜晶体管的主要材料

9.4.1 柔性衬底材料

柔性衬底材料是柔性薄膜晶体管的根基，柔性薄膜晶体管的绝缘层、有源层的质量以及其相应的制备工艺和器件的柔性效果直接受柔性衬底材料的影响。一般来说，为了制备弯曲性能优异的柔性薄膜晶体管，要求其衬底材料必须具备优异的机械稳定性，如能承受反复的弯折和拉伸，另外对其空间稳定性、热稳定性、防护性能、表面光滑程度和光学性能也有较高的要求。

在早期薄膜晶体管的研究过程中，常常采用玻璃以及金属作为衬底材料，但是由于这些无机材料的柔韧性较差而最终被舍弃。目前通用的柔性衬底均采用有机材料，如 PET、PEN、PES、PI 等高分子材料。PEN、PES、PET 和 PI 的结构式如图 9.8 所示，图 9.9 为 PET 和 PI 的实物图。这些质量轻的高分子衬底材料最大的优点在于机械柔韧性好、光学透明度高、耐腐蚀能力强，此外还具有高的热敏电阻。PET 和 PEN 相比于其他高分子材料，在空间稳定性、吸湿性、透明度、化学腐蚀性和成本等方面具有一定优势，但是上限操作温度低和高的表面粗糙度是其最大的缺点。PES 的操作温度高、透明性也很好，但是吸湿性较差，而且成本高。此外，有着良好的机械柔性和化学性质的 PI 是这些高分子材料中热稳定性最好的，但其成本高而且橙色的表面影响其光学透明度。最近，在合成无色透明的 PI 技术方面有很大进展[3,4]，而 PET 由于具有成本低、高透明度和传输性好等优点成为广泛研究的柔性材料[5,6]。

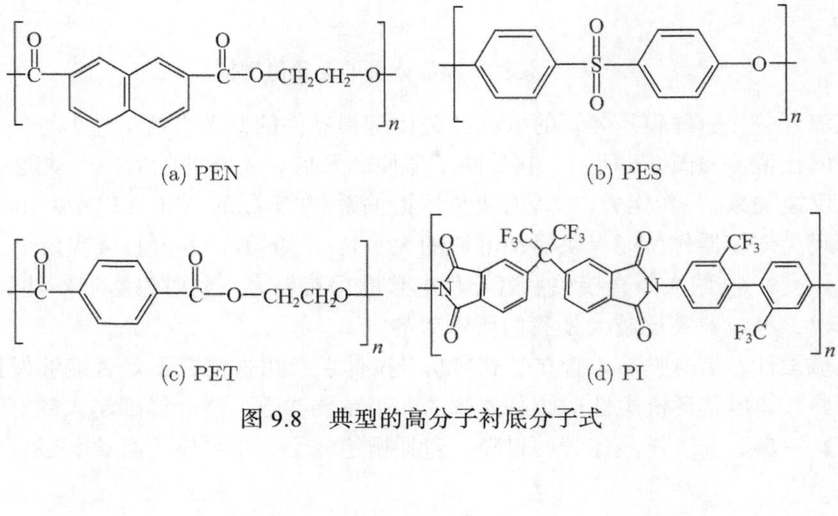

(a) PEN

(b) PES

(c) PET

(d) PI

图 9.8　典型的高分子衬底分子式

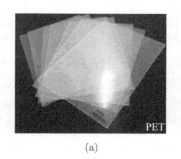 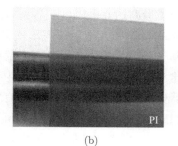

(a)　　　　　　　　　　　　　　　　　　　　　(b)

图 9.9　PET 和 PI 实物图

9.4.2　柔性栅绝缘层材料

为了防止栅电极与半导体沟道间的电流泄漏，同刚性器件栅绝缘层材料要求一样，柔性薄膜晶体管栅绝缘层材料要求绝缘层有较高的电阻系数；为实现薄膜晶体管的低电压操作[7]，应尽可能采用具有较高介电常数的栅绝缘层材料。此外，柔性薄膜晶体管的绝缘层材料还应具有良好的机械柔韧性，即使在器件发生机械形变时也不易损坏。基于以上要求，无机绝缘材料[8,9]、高分子绝缘材料[10-15]、生物绝缘材料[16,17]和复合杂化绝缘材料等[18,19]是目前柔性薄膜晶体管绝缘层材料中主要包含的。

无机绝缘材料应用于柔性薄膜晶体管中一般可获得相对较高的电学性能，这是由于其具有介电常数高、化学性质稳定、不易被击穿、耐高温等优点。Tan 等[9]于 2008 年采用无机材料（SiN_x）和溶胶-凝胶体硅（sol-gel silica）双层结构作为绝缘层，同时利用柔性 PET 作为衬底制备了柔性薄膜晶体管器件，并获得了 $1cm^2/(V \cdot s)$ 的有效场效应迁移率、–5 V 的操作电压、10^5 的电流开关比。从图 9.10 中可以看出，该器件的性能在弯曲过程中没有明显下降，并且在弯曲释放后器件形貌可恢复至原始状态。2009 年 Chang 等[10]采用具有高介电常数的铪氧化物（HfLaO）作为柔性薄膜晶体管器件的绝缘层、PI 作为衬底，获得了 $0.13cm^2/(V \cdot s)$ 的载流子迁移率。尽管在高速开关速度和低功耗的应用中这样的器件性能极具吸引力，然而无机绝缘材料在晶体管微型化、大面积柔性显示、大规模集成电路以及低成本溶液加工生产中的应用却受到固相高温和非柔性加工的限制。

另外，鉴于高分子绝缘材料与柔性衬底具有天然的兼容性，因而包括 PI[14]、聚乙烯吡咯烷酮（PVP）[10,11,15]、聚甲基丙烯酸甲酯（PMMA）[20]和聚乙烯醇（PVA）[21]以及 PVP-PMMA 复合物[13]等在内的高分子绝缘材料被广泛应用在柔性薄膜晶体管中。Sidler 等[22]在柔性 PI 衬底上采用高分子 PI 作为栅绝缘层，用模板印刷的方法制备出了基于并五苯(Pentacene)沟道的柔性薄膜晶体管器件，通过改变沟道长宽尺寸，得到了最高达 0.053cm²/（V·s）场效应迁移率的器件，最小阈值电压为–2.5 V。Graz 和 Lacour[19]在人造胶体上采用聚对二甲苯 C（parylene C）为栅绝缘层（图 9.11），制备的基于并五苯沟道的柔性薄膜晶体管器件，载流子迁移率为 0.2cm²/（V·s），电流开关比为 5×10⁴，阈值电压大约为–3 V。值得注意的是，适度的反复弯曲对薄膜晶体管器件的电路以及器件性能没有太大影响。另外，Backlund 和 Sandberg 等[20]旋涂 PMMA 作为绝缘层制备柔性薄膜晶体管器件，获得的最高载流子迁移率为 0.016cm²/（V·s）。Zhang 等[21]采用高分子 PVA 作为柔性薄膜晶体管的绝缘层，获得的载流子迁移率为 0.05cm²/（V·s）。Liu 等[18]采用 PVP 与 PMMA 的复合材料作为绝缘层，经过修饰后器件的最高载流子迁移率为 0.15cm²/（V·s）。

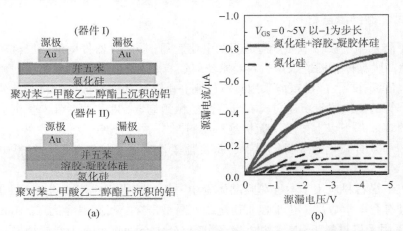

图 9.10   单层 SiN$_x$、双层 SiN$_x$+silica 绝缘层结构及相应的输出曲线[9]

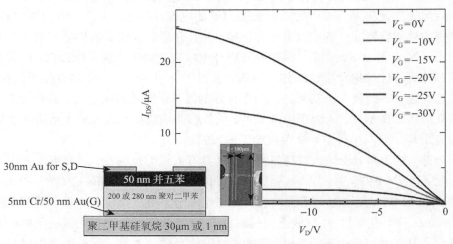

图 9.11   聚对二甲苯 C 作为栅绝缘层的薄膜晶体管及相应的输出曲线[19]

近年来，具有简单的器件制备过程以及低成本等优点的生物绝缘材料逐渐成为作为栅绝缘层研究的热点。Kim 等[13]于 2010 年报道了在柔性 PET 衬底上采用具有高介电常数的离子凝胶作为栅绝缘层制备石墨烯薄膜晶体管器件（图 9.12），该器件的空穴和电子迁移率分别为$(203 \pm 57)\ cm^2/\ (V·s)$和$(91 \pm 50)cm^2/\ (V·s)$，小于 3V 的操作电压，同时表现出极佳的机械柔性。2011 年 Wang 等[14]在柔性 PET 衬底上同样采用生物材料蚕丝蛋白作为栅绝缘层，通过低温溶液法制备了基于并五苯沟道的柔性薄膜晶体管，得到了 23.2 $cm^2/\ (V·s)$的饱和场效应迁移率，–0.77V 的阈值电压，操作电压也仅为–3V。2011 年 Chang 等[10]在柔性 PEN 衬底上采用鸡蛋蛋白为栅绝缘层，制备了基于富勒烯（C_{60}）沟道的薄膜晶体管器件，其输出电流最高可达 $5 \times 10^{-6}A$。该器件的输出电流值在 0.5mm 的弯曲半径下多次弯曲仍然能保持不变，且不会出现明显的滞后现象。弯曲后漏电流增加可能导致电流开关比有所下降。

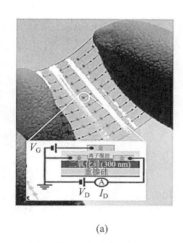
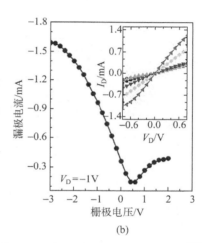

(a)　　　　　　　　　　　　　　　　　(b)

图 9.12　离子凝胶作为栅绝缘层的 TFT 结构图及相应的转移曲线、输出曲线[13]

高分子绝缘层是一种理想的绝缘材料，因为其除了具有很好的柔韧性、与柔性衬底天然的兼容性以外，最重要的是能够满足器件的柔性、可印刷、低价等实际应用要求。但是在实际应用中缺乏具有较高介电常数的高分子绝缘层材料，从而导致器件操作电压高，不利于低功耗操作。可以选用具有介电常数高、化学性质稳定等优点的高分子/无机复合材料作为绝缘层，从而通过有效降低器件的操作电压达到减少损耗的目的。2007 年 Zhao 等[23]采用五氧化二钽（Ta_2O_5）/PVP 双层结构作为绝缘层提高晶体管性能，这种双层栅绝缘层漏电流小、表面光滑，同时电容相对很大，阈值电压仅为–2.5 V。同年，Zirkl 等[16]在柔性 PET 衬底上采用无机氧化物三氧化二铝（Al_2O_3）或二氧化锆（ZrO_2）与高分子杂化，形成了具有高介电常数的光滑、致密绝缘层，在具有低漏电流的同时，操作电压也相当低（小于 2V），如图 9.13 所示。2011 年 Hwang 等[15]在柔性 PES 衬底上采用有机物 CYTOP 和高介电常数的无机材料 Al_2O_3 进行复合杂化之后的双层结构作为器件的绝缘层，操作电压可以达到 8V 以下。

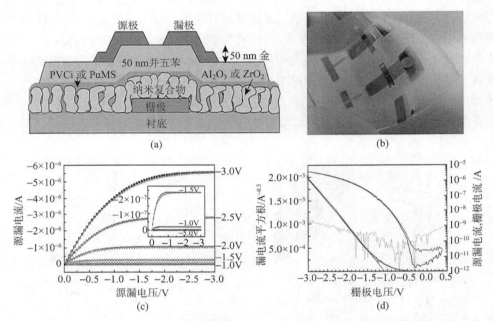

图 9.13　（a）和（b）分别为利用无机氧化物三氧化二铝（Al_2O_3）或二氧化锆（ZrO_2）与高分子杂化作为绝缘层的薄膜晶体管以及实物柔性器件；（c）和（d）分别为输出曲线和转移曲线[16]

　　另外，有机半导体材料的传输特性直接受绝缘层的表面性质影响。因此，为了获得更大的结晶尺寸和更好的器件性能，需要对有机半导体活性层进行表面处理。自组装单层（SAMs）修饰和高分子修饰是修饰绝缘层表面常用的两种方法。Zyung 等[24]在沉积活性层之前，用自组装材料六甲基二硅氮烷（hexamethyldisilazane, HMDS）对绝缘层进行处理，改善了活性层与绝缘层之间的界面质量，提高了器件的迁移率。Liu 等[25]在制备柔性薄膜晶体管过程中，采用自组装 4-苯丁基三氯硅烷（4-phenylbutyltrichlorosilane, PBTS）的方法对绝缘层 PVP-EAD 的表面进行修饰，有效提高了薄膜晶体管的性能。刘玉荣等[26]采用十八烷基三氯硅烷（OTS）对栅绝缘层表面改性，在空气环境下成功地制备出高性能高分子薄膜晶体管，大幅度地改善了器件的电性能。Sekitani 等[27]将衬底沉浸在磷酸十八烷丙二醇溶液中，有效改善了器件的性能，制备了可极度弯曲的柔性薄膜晶体管，如图 9.14 所示。

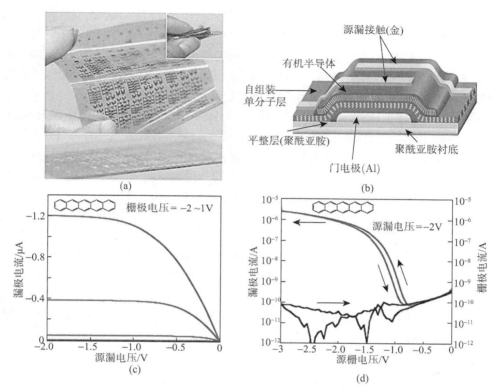

图 9.14   Sekitani 等将衬底沉浸在磷酸十八烷丙二醇溶液中，有效改善了器件的性
能，制备了可极度弯曲的柔性薄膜晶体管器件[27]

9.4.3   柔性半导体有源层材料

决定器件输运特性的主要因素是薄膜晶体管中的半导体材料，对半导体材料的
选择，是获得性能良好的柔性薄膜晶体管器件中至关重要的一步。氧化物薄膜晶体
管是近十多年才开始引起人们注意的一类器件。2003 年，Hoffman 等[28]首次制备出
了基于 ZnO 薄膜的透明薄膜晶体管。随后 Nomura 等[29-31]在 Science 上发表了用
IGZO 作为有源层制备的透明薄膜晶体管器件。2004 年，Nomura 等[30]首次将 IGZO
作为有源层制备了柔性薄膜晶体管器件，并测试了器件在弯折前后的性能。从
图 9.15 可以看出，器件在弯折半径为 30mm（应变约为 0.3%）时仍然能够保持优
异的性能，其阈值电压约为+1.6 V、迁移率约为 8.3cm²/(V·s)、开关电流比约为 10³。
最近，Tripashi 等[32]制备了以 PEN 为衬底、以 IGZO 为有源层的柔性薄膜晶体管，
通过测试发现该器件能够达到承受的应变为 0.8%，这是目前基于 IGZO 的柔性薄膜
晶体管所能承受的最大应变。

由于本身的脆性，基于无机材料的柔性薄膜晶体管所能承受的应变均不会超过 1%。

因此，人们开始把目光转向更加柔性的有机半导体材料。1986 年 Tsumura 首次[33]利用电化学聚合噻吩的方法制备了第一个有机薄膜晶体管，紧接着 1994 年，Gamier[34]等首次利用有机小分子齐聚六噻吩制备了有机薄膜晶体管。但当时有机薄膜晶体管存在的主要问题是迁移率较小而且不够稳定，与非晶硅相比远远满足不了工业应用的要求。直到 1997 年，Lin[35]等通过利用修饰绝缘层控制并五苯（pentacene）薄膜的生长，将并五苯多晶薄膜的迁移率提高到 1cm^2/（V·s），开关电流比为 10^8，达到大规模应用于平板显示器中的非晶硅晶体管器件的水平，但是存在的问题是操作电压达到 ±100V。1999 年，Dimitrakopoulos 等[7]首次将并五苯制备在聚碳酸酯塑料衬底上，采用 BZT（barium zirconate titanate）作为绝缘层介质，成功将操作电压降到 ±20V。尽管在文中并没有表征样品在应变作用下的性能，但是这为随后的柔性有机薄膜晶体管研究提供了思路。2005 年 Tsuyoshi 等[36]将并五苯制备在 PEN 衬底上，并以 Au 为栅电极制备了有机薄膜晶体管。当弯折半径为 2mm 时，器件在 60000 次测试过程中仍然能够保持优异性能，迁移率为 0.5 cm^2/（V·s），操作电压为 40V。2009 年 Jedaa 等[37]将栅电极换成 Al/AlO$_x$，同样采用 PEN 为衬底、以并五苯为有源层的晶体管能够承受 2.5% 的应变，迁移率为 0.1cm^2/（V·s），操作电压为 2.5V。2010 年 Tsuyoshi 等[27]在原有工作的基础上将整个有机薄膜晶体管的厚度减小到 25μm，并能够承受 0.1mm 的弯折半径，是目前文献中报道的最小尺寸，如图 9.16 所示。

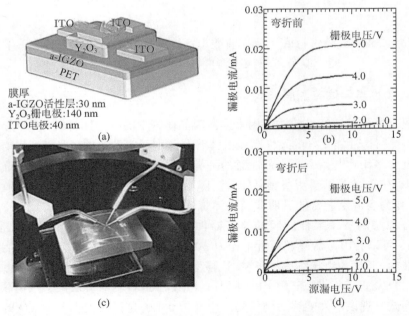

图 9.15 Nomura 等首次将 IGZO 作为有源层制备柔性薄膜晶体管器件[30]：（a）和（b）薄膜晶体管的器件结构及测试方法；（c）和（d）弯折前后的输出曲线

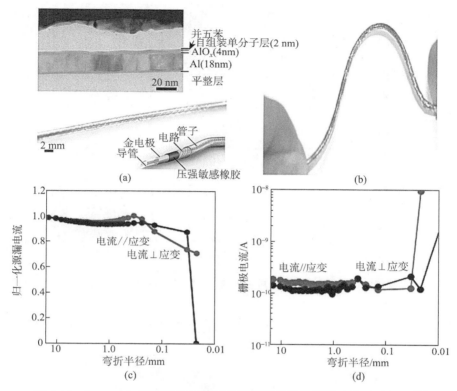

图 9.16　Tsuyoshi 等基于并五苯制备的薄膜晶体管器件及其承受极限[27]

　　尽管基于并五苯单晶的有机薄膜晶体管迁移率高达 35cm^2/（V·s），但是由于单晶沟道质地脆，严重限制了其在柔性有机薄膜晶体管中的应用。因此，亟须开发出具有机械柔性且非破坏性的有机半导体单晶材料。Briseno 等[11]在柔性 PET 衬底上采用红荧烯单晶为半导体层、以 PVP 为绝缘层制备了柔性的有机薄膜晶体管（图 9.17）。该器件的载流子迁移率高达 4.6cm^2/（V·s），电流开关比为 10^6，阈值电压为–2.1V，并且当弯曲半径达到 9.4mm（应变为 0.74%）时，器件性能仍然能够保持不变而且不发生严重衰减。

　　另外，基于单晶碳纳米管的半导体材料也被应用于柔性有机薄膜晶体管的研究中。Cao 等[38]在柔性 PET 衬底上制备了可高度弯曲的有机薄膜晶体管器件，如图 9.18 所示。该器件除了展示出优异的机械柔性外，还具有良好的透光性及电学性能，这是因其选用单晶碳纳米管网状物材料作为导体和半导体层，以弹性胶体作为栅绝缘层。此外，其他的有机半导体材料也被陆续应用到柔性有机薄膜晶体管上。2006 年 Liu 等[18]报道了全溶液制备基于聚噻吩衍生物（PQT-12）的柔性有机薄膜晶体管，其载流子迁移率为 0.15cm^2/（V·s），电流开关比为 10^6，阈值电压为–2V。Zhao 等[39]采用交联聚-3 己基噻吩（P3HT）作为有机活性层，得到光滑的表面形貌和优良

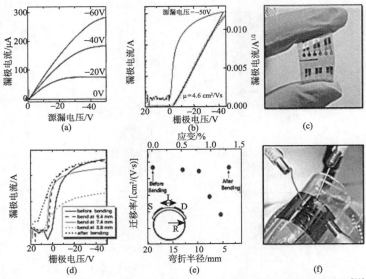

图 9.17 Briseno 等在柔性衬底 PET 上制备的有机场效应晶体管[11]

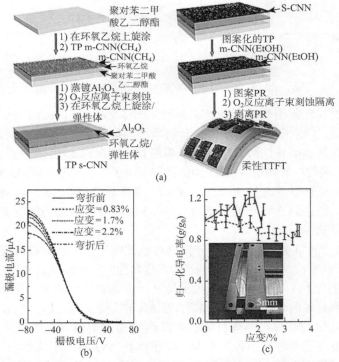

图 9.18 Cao 等利用单晶碳纳米管网状物材料制备的柔性薄膜晶体管器件[38]：（a）器件的制备过程；（b）不同应力下的转移曲线；（c）是不同应力下归一化的导电率

的器件性能。2011 年 Suganuma 等[40]报道了基于 P3HT 的透明柔性有机薄膜晶体管，其器件迁移率为 0.023cm^2/（V·s）。

9.4.4　柔性电极材料

在柔性薄膜晶体管器件中对电极的要求是，能顺利地将载流子从电极注入有机半导体层。这就要求电极材料与有机半导体之间既要形成良好、紧密的物理接触，又要与半导体材料形成良好的能级匹配，即金属功函数与 p 型有机半导体的最高占据分子轨道（HOMO）能级或 n 型有机半导体的最低空置分子轨道（LUMO）能级匹配。

柔性薄膜晶体管器件中最常用的电极材料包括 Au、PEDOT:PSS、ITO 以及 Al 等。据文献报道，漏电极通常采用 Au，栅电极采用 Al、ITO 等。PEDOT:PSS 是一种透明导电材料，在源电极、漏电极和栅电极中都有应用，同时能得出具有优异性能的器件，与选用 Au 作电极的器件性能相当。

在制备器件的过程中为了减小电极与半导体活性层之间的接触电阻，除了要选择合适的电极以外，修饰源电极、漏电极是其中关键的一步，有利于注入载流子。Seol 等[41]制备的柔性有机薄膜晶体管中，通过在源漏电极和半导体层之间插入修饰层 3-巯基寡聚噻吩（OMST）有效地提高了器件的性能。还有相关报道采用自组装单层五氟苯硫酚（pentafluorobenzenethiol, PFBT）来修饰柔性有机薄膜晶体管的源漏电极[42]，有效地调节了源电极、漏电极的功函数并改善了金属电极与有机半导体层之间的界面接触。Sun 等[43]在电极与有机源层之间插入极薄的 C$_{60}$ 修饰层，有效地减小了界面接触电阻，降低了载流子的注入势垒，使载流子迁移率得到明显提高。

石墨烯具有良好的柔性和透明性，是一种很有前景的柔性透明电极材料。2011 年 Suganuma 等[40]采用石墨烯分别作为源电极、漏电极和栅电极，通过溶液制备方法获得了透明的柔性薄膜晶体管器件，其载流子迁移率为 0.023cm^2/（V·s），阈值电压为−1.8V。2011 年 Lee 等[17]报道了采用单层石墨烯作为源漏电极在聚芳基酸酯（PAR）塑料衬底上制备的柔性薄膜晶体管，其器件迁移率为 0.12cm^2/（V·s），并且具有良好的柔性和透明度。

9.5　总结与展望

柔性薄膜晶体管在柔性显示[44-47]、柔性传感器阵列[48]、低成本射频标签[49]和柔性集成电路[50,51]中已经得到了初步的应用，但柔性薄膜晶体管弯折或者折叠后电学性能的稳定性仍是其大规模应用的关键。今后，柔性薄膜晶体管的研究主要集中在半导体层、绝缘层和柔性衬底三个方面。在半导体层方面，为实现高性能柔性有机互补逻辑电路，着重以提升 n 型柔性薄膜晶体管的稳定性为目标，加快对 n 型有机半导体的研究；在绝缘层方面，寻找可低温制备的具有高介电常数的高分子绝缘层；在柔性衬底方面，需要开发柔韧性好、高透明、耐高温、耐腐蚀、低成本的柔性衬底。另外，实现产业化的一个必然要求是开发新的与柔性衬底相兼容的制备技术。

随着微纳加工技术的不断进步，柔性薄膜晶体管在机械柔性和电学性能等方面得到不断的提升，今后对我们的生活产生重要影响的必定是以柔性薄膜晶体管作为半导体技术的核心器件。相信在不久的将来，能替代传统的电子器件，在柔性器件领域如柔性显示、柔性传感、柔性集成电路等大展宏图的必将是柔性薄膜晶体管。

参 考 文 献

[1] Lechner B J, Marlowe F J, Nester E O, et al. Liquid crystal matrix display. Proceedings of the IEEE., 1971, 59: 1566-1579.

[2] Arias A C, MacKenzie J D, McCulloch I, et al. Materials and applications for large area electronics: Solution-based approaches. Chem. Rev., 2010, 110: 3-24.

[3] Lim H, Cho W J, Ha C S, et al. Flexible organic electroluminescent devices based on fluorine-containing colorless polyimide substrates. Adv. Mater., 2002, 14: 1275-1279.

[4] Lim H, Bae C M, Kim Y K, et al. Preparation and characterization of ITO-coated colorless polyimide substrates. Synth. Met., 2003, 135: 49-50.

[5] Roberts M E, Mannsfeld S C B, Stoltenberg R M, et al. Flexible, plastic transistor-based chemical sensors. Organic Electronics, 2009, 10: 377-383.

[6] Tan H S, Mathews N, Cahyadi T, et al. The effect of dielectric constant on device mobilities of high-performance, flexible organic field effect transistors. Appl. Phys. Lett., 2009, 94: 263303.

[7] Dimitrakopoulos C D, Purushothaman S, Kymissis J, et al. Low-voltage organic transistors on plastic comprising high-dielectric constant gate insulators. Science, 1999, 283: 822-824.

[8] Chang M R, Lee P T, McAlister S P, et al. Low subthreshold swing HfLaO/pentacene organic thin-film transistors. IEEE Electron Dev. Lett., 2008, 29: 215-217.

[9] Tan H S, Cahyadi T, Wang Z B, et al. Low-temnerature-processed inorganic gate dielectrics for plastic-substrate-based organic field-effect transistors. IEEE Electron Dev. Lett., 2008, 29: 698-700.

[10] Chang J W, Wang C G, Huang C Y, et al. Chicken albumen dielectrics in organic field-effect transistors. Adv. Mater., 2011, 23: 4077-4081.

[11] Briseno A L, Tseng R J, Ling M M, et al. High-performance organic single-crystal transistors on flexible substrates. Adv. Mater., 2006, 18: 2320-2324.

[12] Sung C F, Kekuda D, Chu L F, et al. Flexible fullerene field-effect transistors fabricated through solution processing. Adv. Mater., 2009, 21: 4845-4849.

[13] Kim B J, Jang H, Lee S K, et al. High-performance flexible graphene field effect transistors with ion gel gate dielectrics. Nano Lett., 2010, 10: 3464-3466.

[14] Wang C H, Hsieh C Y, Hwang J C. Flexible organic thin-film transistors with silk fibroin as the gate dielectric. Adv. Mater., 2011, 23: 1630-1634.

[15] Hwang D K, Fuentes-Hernandez C, Kim J B, et al. Flexible and stable solution-processed organic field-effect transistors. Organic Electronics, 2011, 12: 1108-1113.

[16] Zirkl M, Haase A, Fian A, et al. Low-voltage organic thin-film transistors with high-k nanocomposite gate dielectrics for flexible electronics and optothermal sensors. Adv. Mater. 2007, 19: 2241-2245.

[17] Lee W H, Park J, Sim S H, et al. Transparent flexible organic transistors based on monolayer graphene electrodes on plastic. Adv. Mater., 2011, 23: 1752-1756.

[18] Liu P, Wu Y L, Li Y N, et al. Enabling gate dielectric design for all solution-processed, high-performance, flexible organic thin-film transistors. J. Am. Chem. Soc., 2006, 128: 4554-4555.

[19] Graz I M, Lacour S P. Flexible pentacene organic thin film transistor circuits fabricated directly onto elastic silicone membranes. Appl. Phys. Lett., 2009, 95: 243305.

[20] Backlund T G, Sandberg H G O, Osterbacka R, et al. Towards all-polymer field-effect transistors with solution processable materials. Synth. Met., 2005, 148: 87-91.

[21] Zhang F P, Funahashi M, Tamaoki N. Flexible field-effect transistors from a liquid crystalline semiconductor by solution processes. Organic Electronics, 2010, 11: 363-368.

[22] Sidler K, Cvetkovic N V, Savu V, et al. Organic thin film transistors on flexible polyimide substrates fabricated by full-wafer stencil lithography. Sensors and Actuators A: Phys., 2010, 162: 155-159.

[23] Zhao Y H, Dong G F, Wang L D, et al. Improved performance of organic thin film transistor with an inorganic oxide/polymer double-layer insulator. Chinese Phys. Lett., 2007, 24: 1664-1667.

[24] Zyung T, Kim S H, Chu H Y, et al. Flexible organic LED and organic thin-film transistor. Proceedings of the IEEE., 2005, 93: 1265-1271.

[25] Liu Z H, Oh J H, Roberts M E, et al. Solution-processed flexible organic transistors showing very-low subthreshold slope with a bilayer polymeric dielectric on plastic. Appl. Phys. Lett., 2009, 94: 203301.

[26] Liu Y R, Wang Z X, Yu J L, et al. High mobility polymer thin-film transistors. Acta Physica Sinica, 2009, 58 (12): 8566-8570.

[27] Sekitani T, Zschieschang U, Klauk H, et al. Flexible organic transistors and circuits with extreme bending stability. Nature Mater., 2010, 9: 1015-1022.

[28] Hoffman R L, Norris B J, Wager J F. ZnO-based transparent thin-film transistors. Appl. Phys. Lett., 2003, 82: 733-735.

[29] Nomura K, Ohta H, Ueda K, et al. Thin-film transistor fabricated in single-crystalline transparent oxide semiconductor. Science, 2003, 300: 1269-1272.

[30] Nomura K, Ohta H, Takagi A, et al. Room-temperature fabrication of transparent flexible thin-film transistors using amorphous oxide semiconductors. Nature, 2004, 432: 488-492.

[31] Hosono H. Ionic amorphous oxide semiconductors: Material design, carrier transport, and device application. J. Non-Cryst. Solids, 2006, 352: 851-858.

[32] Tripathi A K, Myny K, Hou B, et al. Electrical characterization of flexible InGaZnO transistors and 8-b transponder chip down to a bending radius of 2mm. IEEE Trans. Electron Dev., 2015, 62: 4063-4068.

[33] Tsumura A, Koezuka H, Ando T. Polythiophene field-effect transistor: ITS characteristics and operation mechanism. Synth. Met., 1988, 25: 11-23.

[34] Gamier F, Horowitz G, Peng X Z, et al. An All-organic "soft" thin film transistor with very high carrier mobility. Adv. Mater., 1990, 2: 592-594.

[35] Lin Y Y, Gundlach D J, Nelson S F, et al. Stacked pentacene layer organic thin-film transistors with improved characteristics. IEEE Electron Dev. Lett., 1997, 18: 606-608.

[36] Sekitani T, Iba S, Kato Y, et al. Ultraflexible organic field-effect transistors embedded at a neutral strain position. Appl. Phys. Lett., 2005, 87: 173502.

[37] Jedaa A, Halik M. Toward strain resistant flexible organic thin film transistors. Appl. Phys. Lett., 2009, 95: 103309.

[38] Cao Q, Hur S H, Zhu Z T, et al. Highly bendable, transparent thin-film transistors that use carbon-nanotube-based conductors and semiconductors with elastomeric dielectrics. Adv. Mater., 2006, 18: 304-309.

[39] Zhao G, Cheng X M, Tian H J, et al. Improved performance of pentacene organic field-effect transistors by inserting a V_2O_5 metal oxide layer. Chin. Phys. Lett., 2011, 28: 127203.

[40] Suganuma K, Watanabe S, Gotou T, et al. Fabrication of transparent and flexible organic field-effect transistors with solution-processed graphene source-drain and gate electrodes. Appl. Phys. Express, 2011, 4: 021603.

[41] Seol Y G, Lee N E, Park S H, et al. Improvement of mechanical and electrical stabilities of flexible organic thin film transistor by using adhesive organic interlayer. Organic Electronics, 2008, 9: 413-417.

[42] Smith J, Hamilton R, McCulloch I, et al. High mobility p-channel organic field effect transistors on flexible substrates using a polymer-small molecule blend. Synth. Met., 2009, 159: 2365-2367.

[43] Sun Q J, Xu Z, Zhao S L, et al. Performance improvement in pentacene organic thin film transistors by inserting a C-60 ultrathin layer. Chinese Phys. B., 2011, 20: 017306.

[44] Rogers J A, Bao Z, Baldwin K, et al. Paper-like electronic displays: Large-area rubber-stamped plastic sheets of electronics and microencapsulated electrophoretic inks. Proceedings of the National Academy of Sciences of the United States of America, 2001, 98: 4835-4840.

[45] Jain K, Klosner M, Zemel M, et al. Flexible electronics and displays: High-resolution, roll-to-roll, projection lithography and photoablation processing technologies for high-throughput production. Proceedings of the IEEE., 2005, 93: 1500-1510.

[46] Chen Y, Au J, Kazlas P, et al. Flexible active-matrix electronic ink display. Nature, 2003, 423: 136.

[47] Forrest S R. The path to ubiquitous and low-cost organic electronic appliances on plastic. Nature, 2004, 428: 911-918.

[48] Someya T, Pal B, Huang J, et al. Organic semiconductor devices with enhanced field and environmental responses for novel applications. MRS Bulletin, 2008, 33: 690-696.

[49] Subramanian V, Frechet J M J, Chang P C, et al. Progress toward development of all-printed RFID tags: Materials, processes, and devices. Proceedings of the IEEE., 2005, 93: 1330-1338.

[50] Drury C J, Mutsaers C M J, Hart C M, et al. Low-cost all-polymer integrated circuits. Appl. Phys. Lett., 1998, 73: 108-110.

[51] Kane M G, Campi J, Hammond M S, et al. Analog and digital circuits using organic thin-film transistors on polyester substrates. IEEE Electron Device Lett., 2000, 21: 534-536.

第10章 柔性吸波材料与吸波器件

10.1 引 言

10.1.1 电磁波的应用

在迅变情况下，电磁场是以波动的形式存在，变化着的磁场和电场相互激发，在空间产生振荡粒子波，即电磁波[1]。电磁波在整个空间中无处不在，无时不在。电磁波的应用涵盖了人类生活的方方面面，总体上分两类：一类是基于电磁波作为一种信息载体而进行的应用，如通信、电视、影像、遥感、导航等；另一类是基于电磁波作为一种能量载体而进行的应用，如微波加热、电磁对抗、医学疗伤等。

电磁波的波长不同，其传播特性有很大区别。为了能更好更全面地了解电磁波，人们将电磁波的频率从高到低进行了排列，将电磁波分成了无线电波、红外线、可见光、紫外线、X射线和γ射线等，这种电磁波频率从高到低的排列即为电磁波谱[2]，表10.1是关于无线电波的频段划分和应用。

表 10.1 无线电波的频段划分及其主要应用

波段名称	波长范围	频段名称	频率范围	应用领域
极长波	$10^8 \sim 10^7$ m	极低频（ELF）	$3 \sim 30$ Hz	地下通信、地下遥感等
超长波	$10^7 \sim 10^6$ m	超低频（SLF）	$30 \sim 300$ Hz	地质探测、电离层研究、对潜通信等
特长波	$10^6 \sim 10^5$ m	特低频（ULF）	300 Hz ~ 3 MHz	电离层结构研究等
甚长波	$10^5 \sim 10^4$ m	甚低频（VLF）	$3 \sim 30$ kHz	导航、声呐等
长波	$10^4 \sim 10^3$ m	低频（LF）	$30 \sim 300$ kHz	无线电信标、导航等
中波	$10^3 \sim 10^2$ m	中频（MF）	300 kHz ~ 3 MHz	调幅广播、海岸警戒通信、测向等
短波	$10^2 \sim 10$ m	高频（HF）	$3 \sim 30$ MHz	电话、电报、传真、国际短波、民用频段等
米波	$10 \sim 1$ m	甚高频（VHF）	$30 \sim 300$ MHz	电视、调频广播、空中交通管制、航空导航信标等
分米波	1 m ~ 10 cm	特高频（UHF）	300 MHz ~ 3 GHz	电视、卫星通信、移动通信、警戒雷达、飞机导航等
厘米波	$10 \sim 1$ cm	超高频（SHF）	$3 \sim 30$ GHz	机载雷达、微波线路、卫星通信等
毫米波	1 cm ~ 1 mm	极高频（EHF）	$30 \sim 300$ GHz	短路径通信、雷达、卫星遥感等
丝米波	$1 \sim 0.1$ mm	至高频（SEHF）	300 GHz ~ 3 THz	短路径通信、卫星通信等

10.1.2　电磁波的危害

对电磁波危害的认识始于 1979 年，当时美国的研究人员发现"居住在高压输电线附近的孩子，癌症发病率比其他地区高两倍"，此后，1992 年瑞典的研究人员发现居住在高压输电线附近的孩子患白血病的风险高。从此人们开始担心日常使用的电视机、微波炉、手机等产生的电磁波会影响人们的身体健康。现如今电磁污染已经成为第四大环境污染，仅次于大气、水质和噪声污染。依据目前对电磁辐射的研究，电磁辐射的危害通常表现在以下两个方面：一方面是对人身体健康的危害；另一方面是对各种电子仪器、设备的电磁干扰[3]。

1. 电磁辐射对人体健康的危害

电磁辐射对人体的危害程度与电磁波的频率有关，频率越高，能量越高，对人体的危害也就越大。研究表明，日常生活中产生的对人体有害的电磁波频率主要集中在 30MHz ~ 100GHz。电磁波对人的影响因人而异，特别是高频电磁波对不同的个体其影响有很大差别，归纳起来可分为热效应和非热效应两种。

1）热效应

高强度的电磁辐射对人身体的影响主要是通过热效应，人在受到强的电磁辐射时会使体内物质产生极化和定向弛豫，导致分子产生热运动，并且产生的摩擦热将促使身体温度上升，温度上升的数值与物质的比热、密度，照射的时间，以及比吸收率（单位质量吸收的功率）有关，这种使温度上升的效应称为热效应，其在微波波段表现得更为明显。

当这种热效应温度超过体温调节能力后，身体温度平衡功能失调，由此可能会产生生理功能紊乱和病理变化等各种生物效应，例如，局部组织温度明显上升，造成代谢紊乱。眼睛是人体中对微波辐射比较敏感的器官，容易受到热效应的损伤。因为眼部无脂肪层覆盖，晶状体含水较多，并缺少血管散热，受到微波辐射发热后，晶状体蛋白质凝固，引起酶代谢障碍而造成晶状体浑浊；当微波照射的功率密度大于 300mV/cm^2 时，易使眼睛形成白内障，当功率密度更大时，角膜、虹膜、前房和晶体等眼部组织都会受到伤害，造成视力下降甚至失明。

睾丸是另一对微波辐射比较敏感的器官，在高频辐射作用下，可能会损坏睾丸的生殖机能。电磁辐射只抑制精子的生长，并不影响间质细胞和睾酮等，所以一般只会造成暂时的不育现象，但若长时间工作在强辐射的环境中，可能会引起永久性不育或者死亡。

头骨的传热性能差并且头部的供血量仅为人体血液总量的 17%，微波辐射对大脑的加热速度远大于对身体其他部位的加热速度，因而高强度辐射可减退脑功能和加重病理反应。

对神经系统的危害，主要是容易引起反应迟钝、疼痛、痉挛等，对血液则可能引起白细胞和红细胞的减少。

2）非热效应

与热效应相对的是非热效应，一般认为长时间工作在低频的电磁辐射场中也会产生电磁生物效应，与热效应不同的是，它并没有造成体温的明显上升。为了区分热效应与非热效应，引入一个电磁辐射生物剂量单位，称为比吸收率，即单位质量吸收的辐射功率，单位为 W/kg，一般认为比吸收率小于 0.1W/kg 为非热效应，比吸收率大于 1W/kg 则为热效应，处于二者之间并没有明确的定论。

非热效应的产生一般认为是由共振作用导致的，即在某一特定的频率照射下，使细胞分子产生共振作用，使神经系统功能紊乱或失调，以及影响心血管系统。

非热效应对人体的危害具有累积效应，一次低功率的电磁照射后的某些不明显伤害，通常经过数天后就可以自行恢复，然而，若在恢复之前再次受到辐射，伤害就会积累，反复多次就会形成明显的伤害。

综合以上所述，在高频辐射场中，电磁波对人体的伤害热效应占主导作用，而长时间在低频的辐射场中，其非热效应占主导作用。

2. 电磁辐射对各种电子仪器、设备的危害

电磁辐射也会对电子仪器、设备产生不良影响。高频设备，特别是大功率高频设备，工作期间输出能量大，形成的高频辐射也很强，可能会严重干扰或者损坏周围的其他电子设备、仪器等，使其不能正常工作。这种损耗的机制比较复杂，如电路部件（晶体管、电阻器、集成块等）长时间地被照射或者瞬间强照射，都可能引起加热外源，例如，半导体损坏的定限是 $10^{-6} \sim 10^{-4}$J。晶体管反向击穿电压为 $1 \sim 5$V，因而在强电磁场作用下，可导致元件损坏，最终导致设备损坏。感应高电势引起的电弧或者电晕可能会损坏继电器的端点、天线耦合器和其他部位。电磁场辐射对医用电子设备(如心脏起搏器、助听器等)都是敏感的。

10.2 柔性电磁波吸收材料的设计和制造

10.2.1 吸波材料设计原理

1. 能量守恒[4]

电磁波入射到材料表面时会发生反射、吸收和透射（图 10.1）。此外，电磁波在材料的前后界面也会发生多次反射、吸收和透射，设入射波的功率流为 P_i，所有反射的功率流总和为 P_r，所有透射的功率流总和为 P_t，所有被吸收的功率流总和为 P_a。

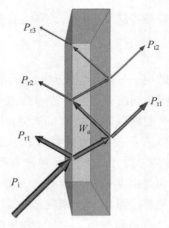

图 10.1　界面多重反射

根据能量守恒定律

$$P_i = P_r + P_t + P_a \quad\quad (10.1)$$

定义

$$r = \frac{P_r}{P_i}$$

称为功率反射系数。注意：其与电磁波入射到材料表面时定义的反射系数不同。同理 $t = \dfrac{P_t}{P_i}$，称为功率透射系数；$a = \dfrac{P_a}{P_i}$，称为功率反射系数。

显然

$$1-(r+t) = a \quad\quad (10.2)$$

即只有当 $(r+t) \to 0$ 时，材料才有最大的吸收，这就要求我们在设计吸波材料时兼顾反射系数和透射系数的变化，只有统筹兼顾才会有最好的吸波效果。

2. 阻抗匹配

一般来说，电磁波入射到材料表面时会发生反射、吸收和透射。阻抗匹配研究的是电磁波与材料作用时哪些频率的电磁波以及有多少电磁波能够进入材料内部，或者说由哪些频率的电磁波以及有多少电磁波能够从材料中反射出去，这里透射波和反射波是同等重要的。因此可以说满足阻抗匹配是设计出性能优异吸波材料的前提。

阻抗匹配原则来源于传输线理论，当一个双导体传输线与一个负载相连时，在接点处产生的反射、透射（传输）和吸收都与不同的吸波体组配时在其界面处产生的反射、透射和吸收具有某种内在的相似性[5]。由此，引出了吸波材料在设计过程所优先满足的一个原则。

如图 10.2 所示，长度为 L 的双传输线之间连接着一个负载，负载阻抗为 R_L，双导线之间充满着空气。

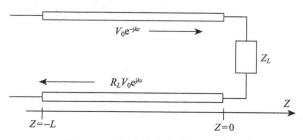

图 10.2　终端接有负载的双导线

传输线方程的解为

$$V(z) = V_0 \left(\mathrm{e}^{-\mathrm{j}kz} + R_L \mathrm{e}^{\mathrm{j}kz} \right) \qquad （10.3a）$$

$$I(z) = \frac{V_0}{Z_0} \left(\mathrm{e}^{-\mathrm{j}kz} - R_L \mathrm{e}^{\mathrm{j}kz} \right) \qquad （10.3b）$$

其中，V_0 为信号源的振幅，Z_0 为传输线的特性阻抗，R_L 为传输线在接点处负载的反射系数。

定义输入阻抗 Z_{in} 为

$$Z_{\mathrm{in}} = \frac{V(z)}{I(z)} = Z_0 \frac{\mathrm{e}^{-\mathrm{j}kz} + \mathrm{e}^{\mathrm{j}kz}}{\mathrm{e}^{-\mathrm{j}kz} - \mathrm{e}^{\mathrm{j}kz}} \qquad （10.4）$$

在接点处（即 $z=0$）

$$Z_{\mathrm{in}}(z=0) = Z_0 \frac{1+R_L}{1-R_L} \qquad （10.5）$$

即可以认为 $Z_{\mathrm{in}}(z=0)$ 是从传输线输入端看向负载处负载的实际阻抗，定义为 Z_L。

$$Z_L = Z_0 \frac{1+R_L}{1-R_L} \qquad （10.6）$$

整理得

$$R_L = \frac{Z_L - Z_0}{Z_L + Z_0} = \frac{Z_{\mathrm{in}} - 1}{Z_{\mathrm{in}} + 1} \qquad （10.7）$$

其中，R_L 为归一化的负载的反射系数。

下面简要分析一下 Z_L 的不同取值对反射系数的影响。

（1）$Z_L = 0$，即负载处阻抗为零，负载短路，$|R_L| = 1$，全反射，即信号（或电磁波）不能进入体系。

（2）$Z_L = Z_0$，即阻抗匹配时，$R_L = 0$，零反射，即信号（或电磁波）全部进入体系，吸波设计为理想状态。

（3）$Z_L = \infty$，负载断路，$R_L = 1$，此时反射系数应理解为透射系数，即此时信号（或电磁波）全部透过体系，体系对信号（或电磁波）不具有反射和吸收，显然这不是吸波设计的理想状态。

3. 界面反射

对于具有金属背衬的吸波体，当入射电磁波 E_i 垂直入射到吸波体表面时，首先被吸波体前界面反射回来一部分电磁波 E_r，剩余的电磁波 E_t 透射进入吸波体，在吸波体中不断衰减并被前后界面反射后，最后有部分电磁波 E'_r 从前界面透射出来，设吸波体厚度为 d，如图 10.3 所示。

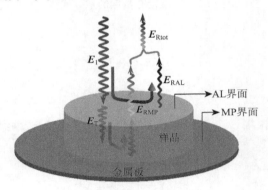

图 10.3　界面反射模型

设反射电磁波 E_r 的电场强度为

$$E_r = E_{r0}e^{j(kz-\omega t)} = E_{r0}\cos(kz-\omega t) \tag{10.8a}$$

反射电磁波 E'_r 的电场强度为

$$E'_r = E'_{r0}e^{j[(kz-2d)-\omega t]} = E'_{r0}\cos\left[(kz-2d)-\omega t\right] \tag{10.8b}$$

则在 t 时刻，总的电场强度为

$$\begin{aligned}
E &= E_r + E'_r \\
&= E_{r0}\cos(kz-\omega t) + E'_{r0}\cos\left[(kz-2d)-\omega t\right] \\
&= E_{r0}\left\{\cos(kz-\omega t)+\cos\left[(kz-2d)-\omega t\right]\right\} \\
&\quad + \left(E'_{r0}-E_{r0}\right)\cos\left[(kz-2d)-\omega t\right] \\
&= 2E_{r0}\cos\pi\frac{2d}{\lambda}\cos2\pi\left(\frac{t}{T}-\frac{kz-d}{\lambda}\right) \\
&\quad + \left(E'_{r0}-E_{r0}\right)\cos\left[(kz-2d)-\omega t\right]
\end{aligned} \tag{10.9}$$

其中，$k = \dfrac{2\pi}{\lambda}$，$T = \dfrac{2\pi}{\omega}$。

由式（10.9）可以看，当 $\pi\dfrac{2d}{\lambda} = (2n+1)\dfrac{\pi}{2}$ 时，$\cos\left[\pi\dfrac{2d}{\lambda}\right] = 0$，即

$$d = (2n+1)\dfrac{\lambda}{4} \qquad (10.10)$$

合成电场强度 $E = \left(E'_{r0} - E_{r0}\right)\cos\left[(kz - 2d) - \omega t\right]$，此时振幅为 $E'_{r0} - E_{r0}$，即说明两列波发生了干涉相消现象，从而使得反射损耗曲线上出现吸收最大值。如果这两个反射电磁波的振幅相同，即 $E_{r0} = E'_{r0}$，则发生完全干涉相消，无电磁波反射，此时相对输入阻抗为 1，即阻抗完全匹配。

当电磁波在吸波体中传输时，引入表征介质属性的 ε_r 和 μ_r 后

$$\lambda = \dfrac{c}{f\sqrt{\varepsilon_r \mu_r}} \qquad (10.11)$$

取 $n = 0$，从而

$$d = \dfrac{c}{4f\sqrt{\varepsilon_r \mu_r}} \qquad (10.12)$$

当发生阻抗完全匹配时，吸波体的厚度 d 称为匹配厚度，记作 t_m，对应的频率称为匹配频率，记作 f_m。匹配厚度和匹配频率对于吸波体的设计具有重要的指导意义。

4. 损耗

1）涡流损耗

当铁磁导体置于交变的磁场中时，或者在磁场中运动时，或者两种情况同时出现时，都可以造成磁力线与铁磁导体的相对切割，根据电磁感应定律，在电磁导体内将产生垂直于外磁场方向的环形感应电流，即涡电流。涡电流在铁磁导体内产生焦耳热，造成能量损耗，这种损耗称为涡流损耗[6]。

对于不同形状的铁磁体，由于麦克斯韦方程组的边界条件不同，它们的功率损耗稍有不同。下面直接给出常见几种形状的涡流损耗表达式。

A. 无限大铁磁导电薄板

单位体积的磁损耗功率为

$$P_e = \dfrac{1}{6}\sigma\pi^2 f^2 a^2 B_m^2 \qquad (10.13)$$

其中，a 为薄板厚度，σ 为电导率，f 为外加交变电场的频率。

由此可见，若要提高涡流效应带来的磁损耗，提高铁磁体的电导率和薄板的厚度将是十分有效的（图 10.4）。

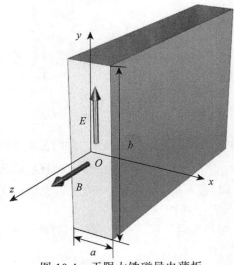

图 10.4　无限大铁磁导电薄板

B. 圆柱形铁磁体

单位体积的圆柱形铁磁体磁损耗功率为

$$P_e = \frac{1}{4}\sigma\pi^2 f^2 r_0^2 B_m^2 \qquad (10.14)$$

其中，r_0 为圆柱体半径，σ 为电导率，f 为外加交变电场的频率，B_m 为圆柱体内的磁感应强度。

由此可见，单位体积的圆柱形铁磁体磁损耗功率与圆柱体半径的平方成正比，因此增大圆柱体半径是提高涡流损耗的有效办法（图 10.5）；相反，若将一圆柱分成许多小圆柱，则可以大大降低涡流损耗。

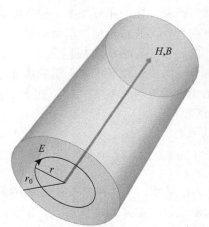

图 10.5　交变磁场中的圆柱形铁磁导

C. 球形铁磁体

单位体积的磁损耗功率为

$$P_e = \frac{1}{5}\sigma\pi^2 f^2 R_0^2 B_m^2 \tag{10.15}$$

由此可见，单位体积的球形铁磁体磁损耗功率与圆柱体半径的平方成正比，因此增大球体半径是提高涡流损耗的有效办法（图 10.6）。

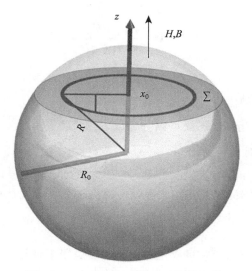

图 10.6　交变磁场中的球形铁磁导体

综上所述，对于任意形状的铁磁体，提高样品的尺寸、电导率、外加磁场的频率和强度均可以有效提高涡流损耗。

2）磁滞损耗

由畴壁的不可逆移动或者磁矩的不可逆转动所引起的磁感应强度随磁场强度变化的滞后效应，称为磁滞效应。铁磁体在反复磁化过程中由于磁滞效应而消耗的能量称为磁滞损耗[7]。每经过一次循环，单位体积铁磁体的磁滞损耗正比于磁滞回线的面积。经过 1s 后的磁滞损耗 W_h 为

$$W_h = f \oint H \mathrm{d}M \tag{10.16}$$

磁化曲线在初始阶段，若忽略高次项，则 M 可以近似地用下面的二次函数表示

$$M = (\chi_a + \eta H_m)H \pm \frac{1}{2}\eta(H^2 - H_m^2) \tag{10.17}$$

其中，χ_a 为初始磁化率；η 为常数，称为瑞利系数；H_m 为磁场振幅；"±"表示增

加或减少磁场。

根据式（10.16）和式（10.17）可得磁滞损耗为

$$W_h = \frac{4}{3} f \eta H_m^3 \qquad (10.18)$$

如果外加磁场为正弦波形，即 $H = H_m \cos \omega t$，从而式（10.17）可表示为

$$M = M_1 \cos(\omega t - \delta) + M_a \sin 3\omega t \qquad (10.19)$$

其中

$$\tan \delta = \frac{4}{3\pi} \cdot \frac{\eta H_m}{\mu_i + \eta H_m} \qquad (10.20)$$

$\tan \delta$ 称为损耗角正切。

10.2.2　电磁波吸收剂

吸收剂按照其损耗机制不同可以分为以下三大类[8]。

1. 电阻型吸收剂

电阻型吸收剂，如导电炭黑、石墨、金属短纤维、碳化硅以及高导电性高聚物等，其主要通过和电场的相互作用来吸收电磁波，主要特点是具有高的介电损耗角正切。

1）导电炭黑和石墨

很早以前就有在飞机蒙皮的夹层中填充石墨，用于吸收雷达波。目前在石墨复合吸波材料方面的研究取得了很大的突破，纳米石墨作为电磁波吸收剂制成的石墨环氧树脂和石墨-热塑性复合材料，被称为"超黑粉"[5]。这种材料对雷达波的吸收能达到-20dB，而且材料本身具有很好的力学特性。

有研究表明，在材料中掺入炭黑，可以增大材料的介电常数，而且可以减小吸收体的匹配厚度，减轻吸收体的质量[9]。炭黑具有很多优势，其价格低廉，导电性好，同时它的导电性可以在较大范围内调整（电阻率可在 $10^{-8} \sim 100 \ \Omega \cdot cm$ 调整）。

电磁学理论认为电磁波能被材料吸收转变成其他形式的能量，必须使得入射电磁波尽可能多地进入材料的内部。在透波层中加入炭黑等填充物可以提高材料的介电性能，使得空气和吸波层之间阻抗差值减小，从而使电磁波更多地进入材料内部，增加了材料的微波吸收效果。

炭黑的加入使材料内部形成了局部导电网络或导电链，其在电磁波作用下，内部介质发生极化，产生了与电场同向的电流，引起涡电流，从而使得电能转化成热能损耗掉。与此同时，炭黑颗粒很小，均匀分散在基体里面，形成大量的散射点，电磁波可经过多次散射而被消耗。

再者，调高吸波层的介电常数可以实现阻抗匹配。纯环氧树脂基体的介电常数为 $\varepsilon_r = (3.0 \sim 3.4) - j_0$，不具有虚数部分，只有当材料的折射率 n 有虚部时，才会有

能量的吸收。而 $n = n' - \mathrm{j}n'' = \sqrt{\varepsilon_\mathrm{r}\mu_\mathrm{r}}$，其中介电常数 $\varepsilon_\mathrm{r} = \varepsilon' - \mathrm{j}\varepsilon''$，磁导率 $\mu_\mathrm{r} = \mu' - \mathrm{j}\mu''$。透波层中加入导电炭黑，使得介电常数提高 $\varepsilon_\mathrm{r} = (1.8 \sim 6) - \mathrm{j}(0.7 \sim 2)$，从而掺杂后的复合材料才会有能量吸收。当电磁波入射到介质材料的内部后，宏观上表现为 ε_r 或 μ_r 虚部增加，提高了材料对电磁波的损耗。

将炭黑在 600℃以上进行高温处理，得到的产物与环氧树脂复合并制成双层碳团簇材料。当频率为 8.2~12.4GHz（X 波段）、总厚度为 4mm 时，反射峰峰值为–31dB，有效宽度为 3.74GHz；当变换层（贴近金属内衬层）为 1mm，吸收层（远离金属内衬层）为 2mm，即总厚度为 3mm 时，最小反射率为–40.0dB，有效带宽为 3.8GHz；当变换层和吸收层均为 1mm 时，最小反射率达–33dB，有效带宽为 3.3GHz。

2）碳纤维吸波剂

碳纤维作为一种纤维增强隐身材料广泛应用于武器装备。

碳纤维具有类似金属导电特性，因此可以把碳纤维看成一根根导线。电磁波在碳纤维之间传播时，除了趋肤效应产生电磁能损耗之外，在每束碳纤维之间电磁波也会发生散射产生类似相位相消现象，这消耗了部分电磁波的能量。Lee 等整合制备的玻璃包覆的碳纳米管织物拥有的吸波性能卓越，在 8.1 ~ 18.5GHz 的反射损耗 RL 小于等于–10 dB[10]。沈曾民等制备了螺旋形碳纤维，在 10 ~ 15GHz 频率范围内实现了 ~ 10dB 的全吸收[11]。碳纳米管是一维纳米材料，它除了具有其他碳材料的优点以外，还具有纳米粒子的小尺寸效应、量子尺寸效应和表面效应等性质。

3）碳化硅吸波剂

碳化硅具有良好的吸波性能，国内外已经对其进行了广泛的研究，目前主要研究方向有碳化硅粉末和碳化硅纤维。

碳化硅属于杂质型半导体，其电阻率介于金属和半导体之间。碳化硅至少有 70 种结晶形态，常见的同质异晶物有 α-SiC 和 β-SiC。α-SiC 单晶的电阻率为 $10^9 \sim 10^{10}\Omega\cdot\mathrm{cm}$，β-SiC 单晶的电阻率大于 $10^6\ \Omega\cdot\mathrm{cm}$。SiC 的导电类型和电阻值可以通过掺杂 B、P、Al、Si、O 这些元素、退火、中子或电子辐射等方式来进行调整。β-SiC 在 900℃便开始有本征电导率输出，而 α-SiC 则开始于 1200℃。常规制备的 SiC 粉末必须经过后续的一系列处理，才能有良好吸收效能。常采用的处理方法是进行 N 掺杂，得到 SiC（N）复合粉末，或者与其他超细粉进行复合，也能获得较好的吸波效果。

日本东北大学教授矢岛圣使利用先驱体转化法制备得到了 SiC 陶瓷纤维（图 10.7）。这种纤维可在 1000~1200℃下长期工作，具有优异的耐高温性能。碳化硅纤维是一种高电阻半导体材料，作为金属基、陶瓷基以及树脂复合材料的增强纤维，得到了广泛的应用。但是目前来说还是存在一些问题，需要降低它的电阻率来进一步提高吸波性能。袁晓燕等制备的 SiC/SiO$_2$-1400 反射损耗在 10.8GHz 最小达到了 –52dB，其有效吸收宽度（RL≤–10dB）覆盖了整个 X 波段[12]。

2. 电介质吸波剂

电介质吸波剂主要通过介质的极化弛豫来吸收电磁波。当电磁波入射到介电材料时，主要依靠不断地极化来损耗能量，其中极化主要包含离子位移极化、电子云位移极化以及铁电体电畴转向极化等。介电损耗型材料通常可以耐高温，主要应用于航空材料领域。但介电损耗型材料的磁性能一般很差，低频下很难实现阻抗匹配，吸收性能不好。

1）陶瓷类吸波材料

陶瓷类吸波材料具有良好的力学性能和热学性能，如有耐高温、膨胀系数低、强度高、化学稳定性和耐腐蚀性好等优点。目前最常见的陶瓷类吸波材料主要有碳化硅、氮化硅以及钛酸钡等[13]。据报道，美国加到隐身飞机尾喷管后的陶瓷基材料制成的吸波材料和吸波结构，可以承受 1093℃ 的高温（图 10.7）。

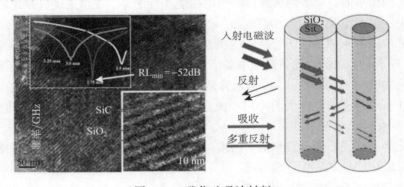

图 10.7　碳化硅吸波材料

2）二氧化锰吸波材料

二氧化锰具有多种复杂的晶型结构，一般为黑色无定形粉末，或黑色斜方晶体，是一种潜在的吸波材料。刘顺华等最早对二氧化锰电磁性能进行了研究，分析了它的电磁波吸收机制[14]，但是发现其磁性能很差，介电性能也不是很理想，因此一般利用二氧化锰作吸波材料需要对其掺杂改性[15]。

3. 磁损耗型吸波材料

目前，磁损耗型吸波材料被广泛应用于民用和军工产品中。磁损耗型吸波材料一直是人们研究的热点，研究已经相对成熟，相关报道也很多。

磁损耗型吸波材料的损耗机制主要分为以下几个方面：

（1）磁滞损耗。磁滞损耗是铁磁体等在反复磁化过程中因磁滞现象而消耗的能量。磁滞指铁磁材料的磁性状态变化时，磁化强度滞后于磁场强度。当外加磁场比较小时，畴壁的移动和磁畴内磁矩的转动都是可逆的，所以不存在磁滞效应。当外加磁场继续增大时，磁矩的转动和畴壁的移动将不再可逆，引起能量的损耗。磁滞损耗引起的损耗功率和外加磁场的频率成正比。一般可以通过磁滞回线的形状、饱和磁化强度以及矫顽力等参数来判断磁滞损耗的大小。

（2）磁后效损耗。磁后效现象是指材料的磁感应强度变化延迟于外加磁场变化的现象，主要包括热涨落磁后效和扩散磁后效两类。热涨落磁后效是指铁磁体在磁化的过程中，磁化强度不能立刻达到稳定值，而是先达到亚稳定状态，然后在热涨落的作用下滞后地达到新的稳定态，是一种不可逆的磁后效。扩散磁后效是指当铁磁材料被磁化时，为了达到自由能最低的要求，某些离子或电子向稳定的位置扩散时滞后于外加磁场，使得磁场强度趋向于稳定值。扩散磁后效损耗功率随外加磁场幅值的增加急剧增加，并且与外加交变磁场的频率成正比。

（3）涡流损耗。涡流损耗是指当由电磁波引起的交变磁场作用于导体时，根据电磁感应定律，导体内感生电流，由电流导致的能量损耗。涡流损耗功率与样品尺寸、外加磁场成正比，而反比于导体的电阻率。一般涡流损耗越大越有利于能量损耗，但涡流效应过大时会导致磁性导体内部几乎没有磁场，而磁场只存在于表层，这样电磁波就很难进入材料内部，大量的电磁波在材料表面被反射回自由空间，所以在一定程度上降低涡流效应是必要的。通常可以通过提高材料的电阻率或降低材料的尺寸来降低涡流效应。

（4）尺寸共振。尺寸共振是指当电磁波在磁性介质中传播时，如果材料的尺寸或内部颗粒大小等于或接近电磁波在该介质中半波长的整数倍，则在材料内形成驻波并强烈吸收电磁波的现象。电磁波在介质中传播的波长可以表示为

$$\lambda = c / (f \sqrt{\varepsilon \mu}) \tag{10.21}$$

式中，c 为光速，f 为电磁波的频率，ε 为介质的介电常数，μ 为介质的磁导率。从式（10.21）可以看出，根据电磁波的频率和材料的电磁参数，控制吸收剂的尺寸或其内部颗粒的大小，就能增大电磁波能量的损耗。

（5）自然共振。自然共振是一种特殊形式的铁磁共振，由于铁磁体内部存在等效的磁晶各向异性场，在没有外加稳定磁场的情况下也会发生铁磁共振，这种现象称为自然共振。磁导率虚部 μ'' 或者磁化率虚部 χ'' 达到极大值时的频率称为自然共振频率，其值为

$$f_{\text{r}} = \gamma H_{\text{a}} / 2\pi \tag{10.22}$$

式中，γ 和 H_{a} 分别为旋磁比和等效磁晶各向异性场。由式（10.22）可以看出，对于由球形单畴颗粒组成的多晶体，不考虑颗粒间的相互作用，自然共振频率主要受各向异性场的影响。

当一个外加稳恒磁场 H_{e} 和频率为固定值 ω 的外加交变磁场同时作用于铁磁介质时，调整 H_{e}，使得

$$\omega_0 = \gamma H_e = \omega \qquad\qquad （10.23）$$

式中，ω_0 为磁化强度的自由振动频率，γ 为磁旋比。当正、负圆偏振磁导率虚部 μ'' 或者磁化率虚部 χ'' 达到极大值时，电磁波能量大量地损耗，这种现象称为铁磁共振。但是一般吸波材料在应用的过程中，外加稳恒磁场是不存在的，所以应用十分有限。

常见的磁损耗型吸波材料如下。

1）铁氧体吸波材料

铁氧体是一种具有铁磁性的金属氧化物，一般由铁的氧化物及其他配料烧结而成。铁氧体吸波材料对电磁波的吸收既有介电极化效应又有磁损耗效应，是目前研究最多的吸波材料之一。它具有吸收频带宽、吸收能力强以及成本低廉等优势，因此被广泛应用在雷达隐身领域。按晶体结构不同，铁氧体吸波材料可分为尖晶石型、磁铅石型。

（1）尖晶石型铁氧体指与天然镁铝尖晶石（$MgO \cdot Al_2O_3$）晶体结构相同的铁氧体，属于立方晶系，其化学分子式可用 $MeFe_2O_4$ 表示。其中 Me 通常为二价金属离子，如 Ni^{2+}、Zn^{2+}、Mn^{2+}、Mg^{2+}、Fe^{2+}等。低频环境下，尖晶石型铁氧体磁导率较大，具有吸收频带宽、厚度薄等优势。但随着频率升高到 GHz 频段，其磁导率将迅速下降，不能对 GHz 频段的电磁波实现有效的吸收。

（2）磁铅石型铁氧体指晶体结构与矿物磁铅石相似的铁氧体，属于六角晶系，其化学分子式可用 $MeFe_{12}O_{19}$ 表示。其中 Me 通常为二价金属离子，如 Ba^{2+}、Pb^{2+}、Sr^{2+}等。磁铅石型铁氧体同尖晶石型铁氧体相比，有较高的磁晶各向异性，在 1～10GHz 范围内，存在明显的自然共振，因此磁铅石型铁氧体可以获得较高的磁导率。磁铅石型铁氧体更加适合用作 GHz 频段的吸波材料。此外，磁铅石型铁氧体因为有高的磁导率，其所需的匹配厚度很小。王璟等用化学共沉淀法制备了 W 型六方晶系钡铁氧体，制备的涂层在厚度为 2.4mm 时的理论吸收峰值为–61.88dB，反射损耗值小于–10dB 的带宽达到 7.48GHz[16]。Choopani 等制备的 $BaCo_xMn_xTi_{2x}Fe_{12-4x}O_{19}$ 铁氧体，与丙烯酸树脂混合（质量填充比为 70%）制成 2mm 的吸波体，当 $x = 0.5$ 时，吸波体在 12～20GHz 波段强于–20dB 的频宽超过 5GHz[17]。

2）磁性金属吸波材料

磁性金属吸波材料主要是由 Fe、Co、Ni 及其合金等所组成的细微粉或者纤维状材料，主要通过涡流损耗、磁滞损耗等吸收和衰减电磁波。超细微粉是指粒度在 10μm 以下的粉体材料，其中磁性超细微粉又可分为两类：一类是羰基金属化合物。目前使用较多的是羰基铁粉。据文献报道，将羰基铁粉与硅橡胶混合，当羰基铁粉的质量分数达到 90% 时，混合材料在 2～10GHz 频段的吸波性能强于–12dB，使用温度可以达到 500℃[18]。另外一类制备超细金属微粉的方法是指化学还原、有机醇盐热分解、机械球磨等。王磊等将羰基铁粉（平均粒径 3μm）和钴粉（平均粒径

2.6μm）混合并进行机械球磨，形成平均粒径为 3～4μm 的 FeCo 合金粉末，研究发现 FeCo 合金粉磁导率和介电常数在一定的频率范围内大幅度提高[19]。

磁性纤维材料属于一维材料，具有轴各向异性，在纤维轴向方向上具有高的有效磁导率。与金属微粉相比，磁性纤维材料不仅依靠磁滞损耗和涡流损耗来吸收衰减电磁波，其还有较强的介电损耗能力。此外，利用磁性纤维作为吸收剂可以大大降低吸波材料的密度，因此越来越引起人们的重视。华中科技大学赵振声、何华辉研究团队对多晶铁纤维吸波材料进行了深入系统的研究，推导出了多晶铁纤维吸收剂电磁参数的理论计算公式，揭示了轴向磁导率和轴向介电常数是影响多晶铁纤维吸波性能的关键因素，提出亚微米级、长径比大的多晶铁纤维更加适合作吸波材料[20]。同时根据理论推导了不同取向的纤维铺层吸波平板的反射率公式，分析了入射波的偏振角、邻近层纤维取向夹角及层数与反射率的关系。此外，为了降低由铁磁性纤维的高导电率引起的趋肤效应，对铁纤维进行了表面处理，取得了良好的效果。

磁性超细微粉和磁性纤维都存在着一定的缺陷，如导电率大、耐腐蚀能力差、易氧化、存在趋肤效应。另外，还存在磁性微粉密度大，在基体中容易团聚的缺点。上述缺陷的存在，限制了磁性金属吸波材料的应用。因此对其表面进行掺杂、改性或者包覆，提高其在基体中的分散性，也正是目前研究的方向[21]。

4. 新型吸收剂

随着对吸波材料研究的深入，人们对隐身技术的要求越来越高，出现了一些新的种类和设计理念，以区别于传统的吸波材料。新型吸波材料主要包括纳米吸波材料、等离子体吸波材料以及电路模拟吸波材料等[22]。

1）纳米吸波材料

纳米材料一般是指材料组分的颗粒大小在 1～100nm 的材料，微小的尺寸使其具有许多特异性能。纳米材料具有量子尺寸效应、表面与界面效应、介电效应和宏观量子隧道效应等。纳米材料可以用作微波吸收材料，主要有以下几个原因：首先，由于纳米材料具有高浓度的晶界，晶界面原子的比表面积大、悬空键多，容易产生多重散射，另外在电磁场作用下，纳米粒子表面效应造成原子、分子运动加剧，使得电磁能更加有效地转化为热能；其次，量子尺寸效应的存在使得纳米粒子的电子能级产生分裂，分裂能级间隔恰好处于微波的能级范围（10^{-5}～10^{-2}eV），从而形成新的吸波通道；最后，纳米粒子具有较大的饱和磁感、高的磁滞损耗和矫顽力，使纳米材料具有高涡流损耗、兼容性好、厚度薄和质量轻等特点。随着纳米技术的发展，纳米吸波材料近年来逐渐成为人们研究的热点。目前，国内外研究的纳米吸波材料主要有纳米金属与合金吸波材料、纳米陶瓷吸波材料、纳米铁氧体吸波材料、纳米金属与绝缘介质复合吸波材料等。Imran 等采用溶胶凝胶法制备的纳米 $Sr_{1.96}RE_{0.04}Co_2Fe_{27.80}Mn_{0.2}O_{46}$，其中 RE 使用的稀土元素为 Gd 时，最大的反射损耗

–25.2dB 在 11.8GHz[23]。

2）等离子体吸波材料

等离子体是一种由大量带电粒子组成的非束缚态宏观体系，是由部分电子被剥夺后的原子及原子团被电离后产生的正负离子组成的离子化气体状物质，是除气体、液体、固体以外的第四种物质形态，广泛存在于宇宙中。等离子体隐身一般是指将等离子体吸波涂料涂覆在目标上，使目标表面附近的局部空间发生电离，形成等离子体来吸收电磁波。入射到等离子体内的电磁波通过碰撞而被吸收大部分能量，等离子体以电磁波反射体的形式对雷达进行电子干扰。等离子体吸收电磁波的工作机制是电磁波的电场对自由电子做功，把一部分能量传给电子，而电场自身的能量被衰减。目前等离子体吸波材料主要应用在军用飞机、舰艇上。

3）电路模拟吸波材料

电路模拟吸波材料是指在吸波材料中放置周期性导电条、栅或片构成的薄片电路屏。这些周期性导电条、栅或片对于特定的频带反射率很小，而对于其他频带反射率很大，对频率有很强的选择性，被称为频率选择表面。赵乃勤等对不同的频率选择表面进行了研究，提出了多层结构吸波体的设计，以黏胶基活性炭纤维为导电材料制备单层电路模拟吸波材料感性电路屏在 8 ~ 18GHz 内达到–10dB 以下的反射衰减，最大衰减峰达–30dB 以上[24]。

10.2.3　柔性吸波材料制造方法

柔性吸波材料基本是由透波材料和吸波材料两部分构成。除此之外，还需要一些辅助材料，如为了满足成型需要而加入的有机或无机黏合剂和助燃剂（图 10.8）。辅料中的黏合剂，如环氧树脂、磷酸铝本身就是透波材料和半透波材料；而阻燃剂不具有透波性，但是具有一定的吸波能力。所以不管辅助材料有多少，其组成特征仍为两种基本材料。由这两大要素构成的吸波材料的结构和形状是多种多样的，与之相适应的制造方法也是多样的。

图 10.8　环氧树脂复合的吸波材料

在众多的文献里基本上按结构和形状将其划分为薄膜吸波材料[25]、角锥[26]或劈形吸波体[27]、蜂窝状吸波体[28]等；按照加工方法将其划分为喷涂法[29]（吸波涂料）、薄膜技术、熔混法（包括机械混合）[30]、浸渍法（纤维或织物吸波材料）[31]。从设计角度考虑，吸波体的制造需要进行分类，不可能存在一种设计方法可以满足多种材料和各种结构的柔性吸波材料。柔性吸波材料的制备方法有涂布、流延等，本节主要介绍涂布和流延两种工艺。

1）涂布法制备柔性吸波材料

涂布复合方法是在多种卷筒基材的上胶涂布与复合加工。它广泛地应用于各类包装领域，有着广阔的发展前景。涂布复合设备大致分光辊上胶涂布、热熔胶喷挤涂布和网纹辊上胶涂布三种。

光辊上胶涂布通常采用两辊转移涂布，调整其上胶辊和涂布辊之间的间隙，就可以调整涂布量的大小。整个涂布头部分的结构较为复杂，要求涂布辊、上胶辊、牵引辊及刮刀的加工精度和装配精度高，成本也比较高。这种涂布机采用高精度的光辊进行上胶涂布，涂布效果较好，涂布量大小除了通过上胶辊和涂布辊之间的间隙来调整，还可通过涂布刮刀的微动调节来灵活控制。目前光辊上胶涂布在涂布设备上的应用也是最广泛的。

热熔胶喷挤涂布方法主要通过将固态的胶经加热熔化后，再由液压装置将胶经涂布模头直接喷涂在基材上。热熔胶涂布是近十几年来发展起来的新技术，它不需要烘干设备，耗能低，热熔胶不含有毒的有机溶剂。热熔胶涂布是一种绿色环保的涂布技术，它的生产成本低、速度快、效率高，设备占地小，投资回收期短，是经济实惠的投资项目，因此被广泛应用于包装、医药、汽车、服装、电子等行业。热熔胶涂布具有巨大的市场发展前景。

网纹辊上胶涂布设备主要采用网纹涂布辊来进行上胶涂布。其涂布均匀，而且涂布量比较准确。用网纹辊涂布时，涂布量主要与网纹辊的凹眼深度和胶水种类的精度有关。涂布网纹辊和胶的种类定下来后，就很难调节其涂布量，这也是网纹涂布辊的应用受到限制的主要原因。

涂布过程中往往会上胶不均匀，这就需要有一定的刮胶机构，将胶刮均匀。刮胶机构主要有不锈钢片刮刀、逗号刮刀、刮棒、钢丝刮刀、气流刮刀等。这种刮刀采用不锈钢薄片剪切后，压在刮刀座上并作用在胶辊上，其结构如图 10.9 所示。

2）流延成型工艺制备柔性吸波材料

流延成型的工艺流程如图 10.10 所示。首先将粉体与分散剂加入溶剂中，通过球磨或超声波振荡打开团聚颗粒，并使溶剂湿润粉体，再加入增塑剂和黏结剂，通过二次球磨得到稳定、均一的浆料；再将浆料均匀涂敷在流延机上，然后进行干燥，使溶剂蒸发，黏结剂在粉末之间形成网状结构，得到素坯膜；接着对素坯膜进行剪切加工，得到所需要的特定形状；最后通过排胶和烧结处理得到所需要的成品。

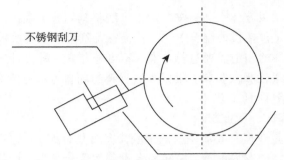

图 10.9   不锈钢片刮刀刮胶装置

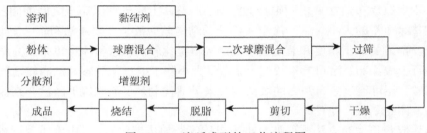

图 10.10   流延成型的工艺流程图

根据溶剂的种类,流延成型可以分为水基流延体系和有机流延体系两大类。有机流延体系的研究和应用较早,在陶瓷制备的应用上已经较成熟。其常用溶剂有甲苯、二甲苯、乙醇和三氯乙烯等,实际生产中则常用乙醇/甲苯、乙醇/三氯乙烯等二元共沸溶剂。由于有机溶剂的相容性、易挥发、低蒸发潜热、低表面张力以及可防止陶瓷粉体水化等特点,因此,有机流延成型体系具有添加剂选择范围较广泛、溶剂挥发快、干燥时间短等诸多优点,易得到结构均匀、坯体缺陷尺寸较小、强度高、柔韧性好的陶瓷薄板。但是有机溶剂具有一定的毒性,不可避免地给人类和生态环境带来危害,且生产成本较高,成品有机物含量较高、密度较低、排胶过程易开裂,这些都制约着有机流延成型的发展。

3)新型流延成型工艺

近年来在材料工作者的不懈努力下,在原有流延成型方法的基础上,开发出了新的水基流延成型方法,如凝胶流延成型工艺、紫外引发聚合成型工艺和等静压流延成型工艺等(图 10.11)。

A. 凝胶流延成型工艺

有机流延成型中使用的有机溶剂存在有毒和成本较高的缺点。而水基流延成型也存在一些问题,例如,浆料对工艺参数敏感,难以形成致密光滑的表面,干燥时气泡容易开裂,生坯内容易形成气泡等。为了克服流延成型的缺点,研究者开始寻找其他途径来优化工艺,凝胶流延成型工艺是其中的一个成果。凝胶流延成型属于水系流延成型工艺，利用有机物单体聚合的原理进行流延成型。该方法是将陶瓷粉体、分散剂和增塑剂加入有机单体和交联剂的混合溶液中，制备出低黏度并具有高固相体积分数（体积分数大于 50%）的浓悬浮液；然后加入引发剂和催化剂，控制温度并引发单体发生聚合反应，使悬浮体的黏度增大，从而发生原位凝固成型，最后制备出具有一定强度并且适合机加工的坯体。凝胶流延成型工艺不仅显著降低了浆料中有机物的用量，而且提高了固相体积分数，从而提高了产品的密度和强度，有利于资源节约型、环境友好型社会的构建。

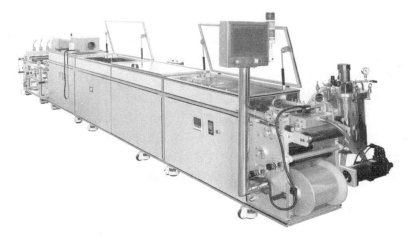

图 10.11　（12ME350）薄膜流延机

向军辉等采用凝胶流延成型制备 Al_2O_3 陶瓷，成功地利用有机单体聚合原理进行了流延成型，在成型过程中免去了干燥、脱脂的工序，简化了工艺，提高了成品率和生产效率，并降低了成本[32]。马景陶等在体系中加入适量 PVA，不仅简化了工艺条件（省去了气体保护程序），而且还避免了气体中混杂的氧组织单体聚合，防止了陶瓷表层出现裂纹、脱落等现象[33]。

B. 紫外引发聚合成型工艺

针对水基流延成型工艺的缺点，Chartier 等利用紫外引发原位聚合机制，将紫外光敏单体、紫外光聚合引发剂加入浆料中并引发紫外原位聚合反应，使浆料原位固化成型[34]。相对传统的流延成型工艺，紫外引发流延成型工艺只要在普通流延机加上紫外光源即可完成，免去了最容易造成材料成型失败的干燥过程。

C. 等静压流延成型工艺

流延成型的浆料的固相体积分数相对较低，并且在干燥过程中还伴随着溶剂的蒸发，在素坯中留下气孔，因此通过流延成型获得的素坯膜一般都结构疏松，密度较低，很难通过流延成型直接获得致密的素坯。等静压流延成型工艺把流延成型工艺和等静压成型工艺有效地结合起来。流延成型获得的流延膜素坯虽然不够致密，结构松散，但其具有较好的延展性，因此，可以通过等静压二次成型来提高素坯的致密度。但是等静压流延成型设备较为昂贵，而且会使工艺变得更加复杂，成本提高。Adamsa 等通过流延成型制得了 γ-TiAl 膜，然后在 1100℃、130MPa 条件下热等静压处理 15min，素坯中的碳含量由 0.04%提高到 0.13%，最后得到的膜具有较高的致密度和细小的晶粒组织[35]。

10.3 柔性电磁波吸收材料的应用与展望

近年来，随着科学技术的发展，大量的电子设备进入日常生活，电磁辐射污染日益严重。恶化的电磁环境不仅会干扰电子仪器设备的正常工作，而且会影响人类的健康。军事上，武器装备的国际竞争日趋激烈，现代探测技术和精确制导武器的迅速发展，给武器的生存造成了极大的威胁，因此研究武器的隐身势在必行。而吸波材料正是军事隐身、微波暗室、微波通信、电磁信息泄漏防护、电磁干扰防护、电磁辐射防护等国防军工与民用技术领域中的关键材料之一，特别是近年电磁屏蔽、隐身技术的发展，使吸波材料的研究日益为人们所重视。理想的吸波材料应当具有吸收频带宽、质量轻、厚度薄、物理力学性能好、使用简便等特点。

10.3.1 柔性吸波材料在军事领域的应用

军事隐身领域仍是柔性吸波材料最重要的应用领域。随着军事高新技术的飞速发展，世界各国防御体系的探测、跟踪、攻击能力越来越强，陆、海、空各兵种地面军事目标的生存能力以及武器系统的突防能力日益受到严重威胁，为此，必将大力发展隐身技术。隐身技术分为外形隐身和材料隐身两个方面，其中材料隐身指在军事目标上大量使用吸波材料来衰减入射雷达波，减小雷达散射截面，这必将促进吸波材料的应用和发展。目前，吸波材料已广泛应用在飞机隐身、舰船隐身、飞行导弹隐身以及坦克隐身等领域。例如，美国 F-117 战斗机大量采用了石墨/碳纤维及其他先进复合材料、蜂窝状雷达吸波结构、雷达吸波材料涂层以及锯齿状雷达散射结构，大大减少了雷达散射截面（图 10.12）。Dowty Signature Management 研制了一种称为 FLEXIRAM 的雷达吸波材料，在海湾战争期间曾用在英国军舰上层建筑和武器装备上，减少了舰艇的雷达散射界面。1993 年 4 月 11 日，美国海军第一艘隐身战舰"海影"号首次亮相，其独特的外形和广泛使用的吸波材料使敌方雷达和导弹难以跟踪。俄罗斯的 T-90 主战坦克，采用特殊的工艺涂漆，可达到隐身目的。GAMMA 公司采用多晶铁纤维损耗介质制备的吸波涂层已应用于法国国家战略防御部队的导弹和飞行器，同时正在验证用于法国下一代战略导弹弹头的可能性。军用方面，柔性吸波材料正向着小型化、轻量化、大功率、高频化的方向转变。

图 10.12　隐形飞机（F-117）

10.3.2　柔性吸波材料在民用领域的应用

　　柔性吸波材料在民用领域使用较为广泛，主要有以下几个方面：用于微波暗室，把碳系导电材料或铁氧体材料制成棱锥形或楔形，可用于建筑无反射的微波暗室，来替代开阔场地以进行电磁干扰性能的测试；用于电磁防护，可以把吸波材料用在手机、电视、计算机等上面，以减少电磁波辐射对人体的伤害；用于建筑吸波，把具有吸波功能的混凝土材料用于建筑行业，以减少高大建筑物的电波反射作用，提高广播、电视播放的质量；还有把吸波材料用在微电机及其他电子设备上，以减少电磁干扰引起的电子电器失误。

　　柔性吸波材料在民用领域正向着高频化和多功能一体化（导电、导热、吸波）的方向转变。

参 考 文 献

[1]　内围，张晓兵，王保平，等. 电磁场理论及其应用. 南京：东南大学出版社，2005.
[2]　陈加森，邹学文，王东生，等译. 射频与微波波谱学. 上海：上海科学技术文献出版社，1982.
[3]　周璧华，陈彬，王立华. 电磁脉冲及其工程防护. 北京：国防工业出版社，2003.
[4]　白同云. 电磁兼容设计. 北京：北京邮电大学出版社，2011：6.
[5]　刘顺华，刘军民，董星龙，等. 电磁波屏蔽及吸波材料. 北京：化学工业出版社，2014：2.
[6]　邵蔚，赵乃勤，师春生，李家俊. 吸波材料用吸收剂的研究及应用现状. 兵器材料科学与工程，2003，04：65-68.
[7]　宛德福，马兴隆. 磁性物理学. 成都：电子科学技术出版社，1994.
[8]　过璧君，冯则坤，邓龙江. 磁性薄膜与磁性粉体. 成都：电子科学技术出版社，1994：161.
[9]　张兴华，何显运，梁健军，等. 炭黑/无机材料填充聚合物复合材料的微波吸收特性. 材料

导报，2002, 07: 76-77.

[10] Lee S E, Lee W G. Broadband all fiber-reinforced composite radar absorbing structure integrated by inductive frequency selective carbon fiber fabric and carbon—nanotube-loaded glass fabrics. Carbon, 2016, 107: 564.

[11] 沈曾民, 戈敏, 赵东林. 螺旋形炭纤维的吸波性能. 新型碳材料, 2005, 20: 289.

[12] Yuan X, Cheng L, Zhang L. Electromagnetic wave absorbing properties of SiC/SiO$_2$ composites with ordered inter-filled structure. J. Alloy Compd., 2016, 680: 604-611.

[13] 王桂芹, 陈晓东, 段玉平, 等. 钛酸钡陶瓷材料的制备及电磁性能研究. 无机材料学报, 2007, 22: 293.

[14] 刘顺华, 管洪涛, 段玉平, 等. 二氧化锰复合材料吸波特性研究. 功能材料, 2006, 37: 197-199.

[15] 马贺. 微纳米二氧化锰的制备及其电磁特性的研究. 大连理工大学硕士学位论文, 2009.

[16] 王璟, 张虹, 白书欣, 等. 稀土元素对 W 型钡铁氧体微波吸收特性的作用. 功能材料与器件学报, 2007, 04: 317-322.

[17] Choopani S, Keyhan N, Ghasemi A, et al. Structural, magnetic and microwave absorption characteristics of BaCo$_x$MnxTi$_{2x}$Fe$_{12-4x}$O$_{19}$. Mater. Chem. Phys., 2009, 113: 717-720.

[18] 卿玉长, 周万城, 罗发, 等. 羰基铁环氧有机硅树脂涂层的吸波性能和力学性能研究. 材料导报, 2009, 23: 1-4.

[19] 王磊, 毛昌辉, 杨志民, 等. 机械合金化微波吸收材料的研究. 稀有金属, 2007, 31: 622-626.

[20] 赵振声, 张秀成, 聂彦, 等. 多晶铁纤维吸波材料的微波磁性研究. 磁性材料及器件, 2000, 31: 18.

[21] 张秀成, 何华辉. 多晶铁纤维铺层的雷达波反射特性研究. 功能材料, 2001, 32: 461-463.

[22] 袁忠才, 时家明. 等离子体-吸波材料-等离子体夹层结构的电磁脉冲防护性能研究, 2011.

[23] Imran S, Shahzad N, Muhammad N A, et al. Tunable microwave absorbing nano-material for X-band applications. J. Magn. Magn. Mater., 2016, 401: 63-69.

[24] 赵乃勤, 郭伟凯, 李家俊. 用活性碳毡制备电路模拟吸波材料的研究. 宇航材料工艺, 2004, 34: 20-23.

[25] 李世涛, 乔学亮, 陈建国. 纳米复合吸波材料的研究进展. 宇航学报, 2006, 27: 317-322.

[26] 吕述平, 刘顺华. 微波暗室用角锥吸波材料外形的设计和分析. 材料科学与工艺, 2007, 15: 572-574.

[27] 林红磊, 王怡然, 胡英男. 尖劈形吸波体和微波暗室中的数学模型. 数学的实践与认识, 2012, 24: 162-174.

[28] 何燕飞, 龚荣洲, 王鲜, 等. 蜂窝结构吸波材料等效电磁参数和吸波特性研究. 物理学报, 2008, 57(8): 5261-06.

[29] 莫美芳, 刘俊能. 雷达吸波复合材料和雷达吸波结构（RAS）的研制与发展. 航空材料学报, 1992, 12: 71-81.

[30] 应宗荣, 蔡熠, 胡张俊, 等. 聚苯乙烯/膨胀石墨导电复合材料的电性能与力学性能. 中国塑料, 2007, 21: 20-23.

[31] 张凤翻. 复合材料用预浸料. 高科技纤维与应用, 1999, 24: 29-31.

[32] 向军辉, 黄勇, 谢志鹏, 等. 工艺条件对薄片陶瓷材料凝胶流延成型的影响. 高技术通讯, 2002: 58-61.

[33] 马景陶, 林旭平, 张宝清. PVA-AM 体系凝胶流延成型研究. 稀有金属材料与工程, 2007,

387-390.

[34] Berthet G, Renard J B, Chartier M, et al. Analysis of OBrO, IO, and OIO absorption signature in UV　visible spectra measured at night and at sunrise by stratospheric balloon　borne instruments. Journal of Geophysical Research: Atmospheres, 2003, 108.

[35] Adamsa A G, Rahamana M N, Dutton R E. Microstructure of dense thin sheets of γ-TiAl fabricated by hot isostatic pressing of tape-cast monotapes. Mat. Sci. Eng. A-Struc., 2007, 05: 006.

第11章 电 子 皮 肤

11.1 人体皮肤概述

皮肤是人体最大的器官，它覆盖着人体表面，其重量约占人体总重量的 16%，相当于肝脏的 3 倍，主要由表皮、真皮及皮下组织等 3 层组织构成[1]。人们通过分布在皮肤多层组织中的不同感觉神经感受器探知外界环境的各种信息（通常叫做刺激），如温度、湿度、压力以及机械振动等。感觉神经感受器通常可以分为：疼痛感受器、冷热感受器和机械刺激感受器[2]。外界的刺激并不直接作用于感受器，而是通过皮肤的变形、振动等使感受器产生动作电势。通过感受器电势的波动方向、幅度、持续时间等来反映外界刺激的特征[3,4]。这个过程既实现了能量的转换，同时也将外界环境的变化等信息也转移到动作电势的序列中，通常称之为编码。早在 1838 年， Muller 等提出了神经能量定理，即特定神经将外界刺激传递的信息进行编码，大脑再以某种方式解读被编码的信息[5]。例如，皮肤中存在着大量的机械刺激感受器，这些感受器通过编码将所接触的物体的物理信息提供给大脑。触觉就是由于皮肤受外界刺激时，大脑产生的感受[6]。图 11.1 详细说明了人体皮肤对外界刺激的感知传导机制，即位于皮下的感知受体感受到外界刺激后，将其转化为生物电信号，通过神经组织传递给大脑，从而对外界刺激进行感知[7]。

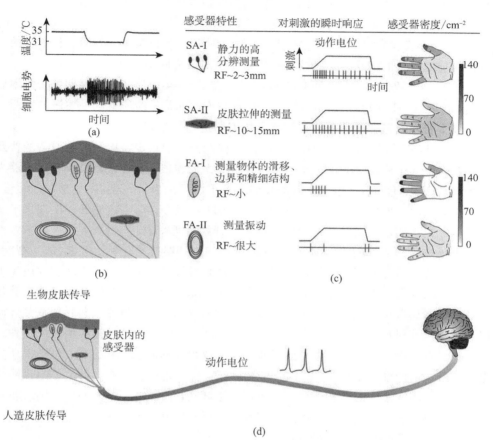

图 11.1　皮肤受体和传导过程：（a）人类皮肤中冷感受器所产生的动作电势；（b）皮肤机械感受器的分布图；（c）机械感受器的类型、功能、反应时间及在手掌中的分布密度（RF，接受域大小；SA-Ⅰ和 SA-Ⅱ，慢适应受体；FA-Ⅰ和 FA-Ⅱ，快适应受体）；（d）感官刺激从外界（起始点）到大脑中人工受体（终止点）的传导过程[7]

11.2　电子皮肤概述

随着科学技术的发展，基于电子材料与器件模拟真实皮肤感知外界压力、温度和湿度等刺激的电子皮肤应运而生，其通常是在柔性衬底上集成传感器、微机电等技术，实现像人体皮肤一样具有柔韧性，同时具有模仿人体皮肤保护、感知、调节等功能的电子系统[8]。电子皮肤在人工智能、人造假肢、医疗诊断等方面展现了良好的应用前景[9-11]。20 世纪 70 年代以来，应用于电子皮肤的触觉传感器就引起了研究者的广泛关注，具有触觉回馈系统的假肢以及电脑触屏相继问世[12]。

电子皮肤技术的发展历程可以划分为四个阶段[12]：

（1）萌芽阶段（1980~1989年）：这一时期，专利起源于美国、日本、德国等材料技术领先的国家，材料技术直接带动了电子皮肤的发展。

（2）第一发展阶段（1990~2006年）：在1990年前后，这一时期处于技术瓶颈期，但是这一时期各大领跑申请人开始重视专利布局，纷纷就同一主题的发明创造向多个联盟国递交专利申请，为日后的市场链打下基础。

（3）调整阶段（2006~2011年）：由于智能概念的新定义以及智能设备的普及化，人们对可穿戴设备以及智能机器人有了更大的需求，智能服装以及智能机器人市场浮现商机。但随后，电子皮肤的发展受到了市场化瓶颈的限制，发展趋于缓慢。

（4）第二发展阶段（2011年以后）：2011年至今，电子皮肤又一次迎来了迅猛发展，也说明电子皮肤技术克服了瓶颈，开始有所突破。

电子皮肤是当下最热门的研究领域之一，为传感器技术在生物医学、人工智能、人机交互等领域的发展提供了新的思路[13]。从传输原理来看，电子皮肤主要应用了压阻式、压容式和压电式等传感技术[8,4-16]，近年来，光学、无线传感和摩擦电等新型技术也开始应用于电子皮肤中。从材料结构来看，电子皮肤主要包括衬底、介质以及敏感功能材料等[13,17,18]。从应用来看，随着器件的可拉伸性能、生物降解性、压力灵敏度、规模尺寸以及空间分辨率等性能取得飞速的发展和突破，各类多功能电子皮肤，如能察觉多种压觉、温感和湿度于一体的假肢，具有自修复或自供能的器件，以及高度集成的柔性可穿戴电子器件也随之应运而生[14,19]。总之，随着新材料研发与制备技术的发展，未来将出现具有机械相容性、复杂皮肤功能化，并能将皮肤感知的信号传导给身体的皮肤材料[7]。

由于前文所述的柔性应力传感器、温度传感器以及湿度传感器等与电子皮肤中传感器机制类似，本章节对电子皮肤传感器部分不再赘述。本章节主要论述电子皮肤的材料、性能要求、应用以及展望等。

11.3 电子皮肤材料

电子皮肤像皮肤一样既软又薄，可加工成各种形状，像衣服一样附着在人体皮肤或者机器人的身体表面，与人体皮肤一样具有感知不同外界压力的功能。为了满足柔性电子皮肤轻薄、透明、柔性和拉伸性好、绝缘耐腐蚀等性能的要求，通常是将敏感材料通过物理或化学的方法制备在柔性衬底上。柔性衬底材料以及敏感材料的性能是器件性能优异的关键参数。

11.3.1　基底材料

为实现电子皮肤的柔韧性，基底材料需要高的机械性能以及低的粗糙度。目前基底材料主要包括聚二甲基硅氧烷（PDMS）、聚己二酸/对苯二甲酸丁二酯（PBAT）、聚对苯二甲酸乙二醇酯（PET）以及聚酰亚胺（PI）等。

1）聚二甲基硅氧烷

在众多柔性基底中，PDMS 是一种性能优异的硅氧烷弹性体，在柔性电子器件中受到了研究学者们的青睐。与传统材料相比，PDMS 有如下优点：价格低廉，适合大面积制作；制备过程简单且容易封装；具有良好的生物兼容性和透气性；具有良好的热学稳定性[20]。此外，PDMS 具有很好的柔性，可以与粗糙的表面很好地接触。PDMS 是由—（CH_3）$_2SiO_2$—基本单元构成的聚合物，结构式如图 11.2 所示[21]。PDMS 通过有机金属的催化进行交联反应固化形成一种三维结构[22]。其表面上带有高密度甲基（—CH_3），导致 PDMS 表面具有良好的疏水性。该性质与低的杨氏模量以及低的表面能结合，使其能够通过范德瓦耳斯力粘贴在几乎任意表面光滑的基底上，但是这种范德瓦耳斯力比较弱，为 Si—O 键的几百分之一。在电子器件中，表面化学键合能力是至关重要的，为了实现更好的键合，通常暴露于臭氧、氧等离子体或者紫外线中，PDMS 表面上的—CH_3 氧化产生硅烷醇基团（—Si—OH），表面疏水性转化为亲水状态以提高其表面的键合能力[23]。

2）聚己二酸/对苯二甲酸丁二酯

聚己二酸/对苯二甲酸丁二酯（PBAT）是德国 BASF 公司生产的一种新型全生物降解材料。目前比较成熟的 PBAT 是 BASF 公司生产的 Ecoflex，是由己二酸、对苯二甲酸和丁二醇三种单体聚合得到的共聚酯类，其玻璃化转变温度（T_g）为-30℃，熔融温度（T_m）的范围是 110～115℃。由于 PBAT 分子链中同时具有脂肪族酯类和芳香族酯类的结构组成单元，PBAT 可以表现出脂肪族酯类和芳香族酯类的特性，具有韧性好、透明性好、抗冲击性能好、机械性能好以及生物降解性能，被广泛应用于柔性可拉伸电子器件中，是一种极具市场发展潜力的新型高分子材料。

3）聚对苯二甲酸乙二醇酯

聚对苯二甲酸乙二醇酯(PET)是一种耐高温聚酯薄膜，其耐热温度可达到200℃。同时具有优异的透光性、化学性能、机械性能以及稳定性，是柔性透明导电膜衬底的优选材料。

4）聚酰亚胺

聚酰亚胺（PI）作为一种含有酰亚胺基团的高性能聚合物，具有良好的电学性能和耐热性能，以及优异的光学和机械性能。其最大加工温度可达 400℃，被广泛应用于电子器件领域。

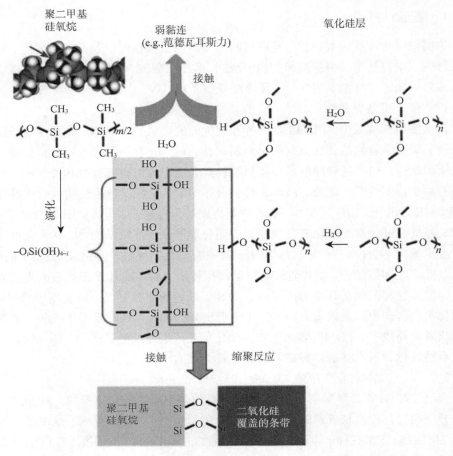

图 11.2 聚二甲基硅氧烷的结构式

11.3.2 敏感材料

电子皮肤是基于电学信号来模拟真实皮肤，通过在柔性衬底上制作的敏感元件，具有感知外界压力、温度和湿度等刺激的功能。敏感元件主要是通过敏感材料键合或者混合在柔性衬底上制得，因此敏感材料的性能对于电子皮肤的性能，尤其是灵敏度，起着至关重要的作用。敏感材料通常采用金属材料[24,25]、碳材料[26,27]、半导体材料[28]和有机高分子材料[29,30]等。

1）金属材料

金属材料具有优良的导电性，结合纳米材料高比表面积的特性，金属纳米材料可作为电子皮肤的首选材料之一。随着印刷技术的日益成熟，金属纳米材料作为印刷墨水的原料，为电子皮肤的大面积制作提供了良好的途径。例如，Park 等将银纳米颗粒吸附在苯乙烯-丁二烯-苯乙烯（SBS）橡胶中，通过静电纺丝技术印刷成橡胶纤维，构成导电性能良好且拉伸性能优异的电路，如图 11.3 所示[24]。

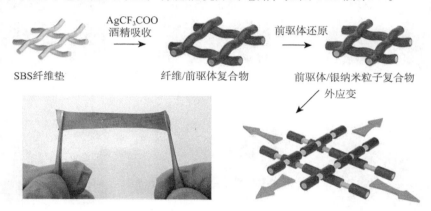

图 11.3 银纳米颗粒在电子皮肤中的应用[24]

此外，液态金属在室温下呈液态，具有与传统导电金属相比拟的电导率，结合非金属材料柔性的优势，可以通过打印印刷的方法制备大面积的柔性电子器件，无须烧结等后续处理，并且能够长时间保持稳定性能。与其他液态金属材料相比，镓铟锡（galinstan）具有以下特点：

（1）熔点低（16℃以下），在室温下呈液态并表现出很好的流动性。

（2）无毒性，电导率较高，性能稳定。

镓铟锡合金目前已经具备相当成熟的制作工艺，但仍存在着许多问题需要解决，尤其是液态金属的表面张力很大，导致了液态金属与其他基底材料接触时的黏附性差等问题。

2）碳材料

常用的碳材料有碳纳米管（CNT）和石墨烯等。碳纳米管具有独特的优点，即优异的机械性能、高导电性和热稳定性[27]。其电子迁移速率高达 $10^4 cm^2/(V·s)$，制备方法可靠，为广泛应用于大面积、低成本制的电子皮肤提供了基础。石墨烯是由 sp^2 杂化的 C 原子构成的，电子迁移率为 $2×10^4 cm^2/(V·s)$，具有轻薄透明、导电导热性好等特点[31]。其具有制备成本低、产量高等优势，可采用喷墨打印、真空抽滤以及旋涂等方法制备电子皮肤。

在石墨烯的应用上，Yu 等基于石墨烯的聚氨酯海绵结构构建了高灵敏度的压力传感器（图 11.4），这些传感器的机制是导电的纳米纤维接触过程中由接触的通断引起压阻的变化，从而改变传递的信息，相比单纯的聚氨酯构建的传感器，其灵敏度提高了几个量级[32]。Lee 等采用石墨烯/单壁碳纳米管制备了透明场效应晶体管，在超过 1000 次 20%幅度的拉伸-舒张循环下，显示出了良好的可持续性[33]。

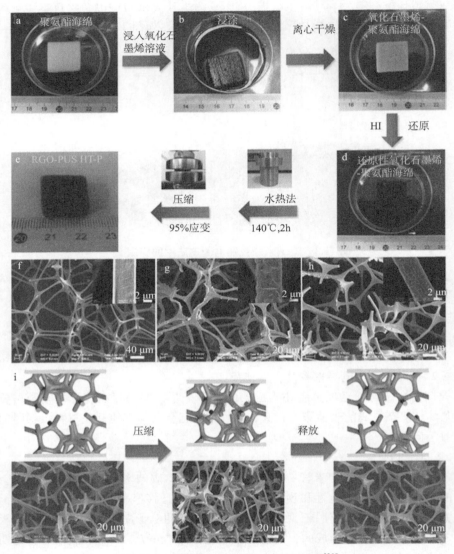

图 11.4　石墨烯在电子皮肤中的应用[33]

3）半导体材料

半导体材料具有优异的压电性能，主要用于电子皮肤的压电式传感器。例如，ZnO 和 ZnS 等半导体材料由于其出色的压电特性，在电子皮肤领域中显示出了广阔的应用前景。王中林等利用 ZnS∶Mn 颗粒的力致发光性质，基于压电效应引发的光子散射开发出了一种直接将机械能转换为光学信号的柔性压力传感器（图 11.5）。在压力作用下，由于 ZnS 的电子能带产生倾斜，激发 Mn^{2+} 发射出黄光（580nm 左右）。其空间分辨率可达 100μm，响应时间小于 10ms。其在动态应力的探测中显示出巨大的应用前景[34]。

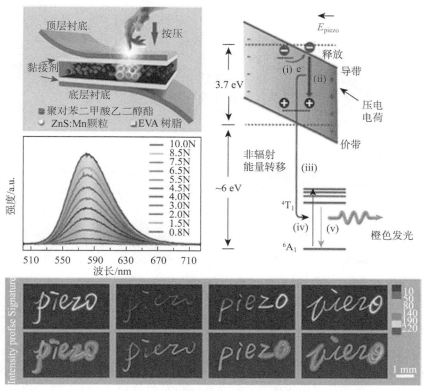

图 11.5　ZnS 压电材料在电子皮肤中的应用[35]

4）有机高分子材料

有机高分子材料作为电子皮肤敏感材料的一类，主要由 π-电子共轭材料构成，如聚噻吩、聚苯胺、聚吡咯、3,4-乙烯二氧噻吩单体与聚苯乙烯磺酸盐（PEDOT:PSS）以及它们的衍生物[35,36]。虽然有机高分子材料的导电性能不如无机材料，但是其柔韧性好、成本低廉且具有良好的溶解性，可以采用旋涂、丝网印刷以及喷墨打印等大面积的制备方法；此外，可以通过化学合成的方法实现其结构的变化，从而实现其化学和物理性质的可调；再者，其力学性能可以与人体皮肤相比拟，而且能够通过分子内的结构以及分子间相互作用来调节，因此是制备电子皮肤的一类理想材料。Chung 等采用 PEDOT：PSS 和水性聚氨酯分散体（PUD）弹性电聚合物，结合在倒金字塔结构的 PDMS 上，构建了可拉伸电阻式压力传感器（图 11.6）。该传感器显示了高的灵敏度（10.3kPa^{-1}）[37]。

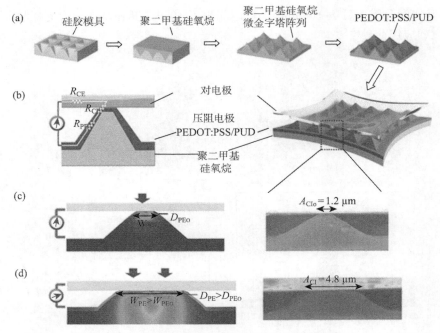

图 11.6　有机材料在电子皮肤中的应用[38]

11.4　电子皮肤的性能要求

电子皮肤应具有良好的柔韧性，以及与生物界面具有良好的兼容性，不出现排异现象。此外，电子皮肤应该像真正的皮肤一样可以自我修复，即当出现磨损破坏时可以实现自我修补。最后，电子皮肤能够实现自供电，能够降低功耗。

11.4.1　生物兼容性

由于电子皮肤应用需要与生物界面紧密结合，生物相容性是一个重要的考虑因素。理想的电子皮肤应采用生物相容性好的材料来合成；但是目前的电子皮肤中并非如此。例如，常用的碳纳米管与石墨烯等无机材料将对细胞活性产生很大的影响，而有机材料的生物兼容性受化学组成、表面电荷和 pH 等诸多因素影响，因此科学家们正努力提高电子皮肤中活性材料的生物兼容性，他们通常采用物理吸附或者化学偶联的方式固定上细胞的多肽、多糖、生长因子、壳聚糖以及淀粉等天然产物。另外，DNA、多糖分子、靛蓝及其衍生物和类胡萝卜素等也是电子皮肤中的一类活性材料[38-40]。

11.4.2　自我修复能力

皮肤由外界环境导致损伤时能够自我修复，在电子皮肤中也能够实现这个功能。通常采用两类方法来实现：①采用包含修复试剂的活性材料；②采用动态可逆键合材料。目前在非导电聚合物中已证明了自愈合剂的作用，电子皮肤中需要采用一些电活性材料，Odom 等分别将四硫富瓦烯（TTF）和四氰基对醌二甲烷（TCNQ）结合到聚脲醛核壳微胶囊中，在断裂时,TTF 和 TCNQ 组分将混合形成电荷转移盐,可恢复复合材料的导电性[41]，不过该方法需要将 TTF 和 TCNQ 组分充分混合。为了达到这个要求，White 等一直努力将液体金属愈合胶囊应用到导电电路中，如镓铟（EGaIn）合金和 Ag 墨水愈合剂不仅可以快速自愈合，而且不需要在胶囊机械破裂后进一步混合[42]。虽然这种方法可以瞬间恢复（160μs）电导率，但缺点是只能一次性使用，也就是说材料在第一次使用后不再具有自愈合性质。

为了解决上述问题，目前已有科研人员开展用于多次自修复的可逆自愈合方面的研究。Williams 等已在 CP 网络中引入可逆交联基团，发现材料的电导率料（10^{-3}S/cm）不足以用于电子皮肤。为了提高导电性，可以使用导电填料方法，即用无机导电材料修饰在绝缘聚合物上[44]。例如，Li 等已将 Ag 纳米线修饰到聚乙烯亚胺和聚（丙烯酸）-质酸（bPEI / PAA-HA）的共混聚合物膜中。共聚物中带正电荷的羧酸基团和涂覆 Ag 纳米线的吡咯烷酮基团之间的可逆离子键，维持了薄膜的结构和电荷的平衡[45]，然而自愈合性质容易受到外界环境的影响。因此，对于电子皮肤的应用，需优选具有自愈合而不需要外部刺激剂（如光、热、溶剂、水）的材料。为了克服上述问题，Zhenan Bao 课题组报道了一种新型的自愈导电复合材料（图 11.7）。由镍微粒（μNi 颗粒）嵌入氢键化的聚合物基质中，形成具有高导电性的复合材料，在室温下不用采取任何外部刺激在 15s 内即可恢复其 90% 的导电性。但是，这些材料的稳定性和灵敏度还需要进一步改进[43]。

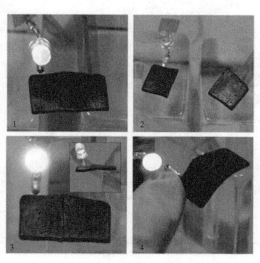

图 11.7 电子皮肤的自我修复性能[43]

11.4.3　自我供电能力

　　功耗对于电子皮肤系统是重点，也是难点。目前采用不同的方法降低功耗，如设计适当压阻传感器的电阻和工作电压以及在电容传感器中采用具有高介电常数的薄介电材料，这些方法是目前被认为降低功耗的有效方法。但是构建自供电的传感器才能最终解决电子皮肤的能量消耗问题。因此，近几年，柔性或可拉伸太阳能电池、压电纳米发电机、摩擦发电机引起了越来越多的重视。其中，由于容易加工制造、供电能力强、低成本等优点，摩擦发电机得到了显著发展。王忠林课题组首次报道了柔性摩擦发电机，无须外界提供能量，可以将机械能转换成电信号（电压/电流）。其原理可以解释如下（图 11.8）：在机械作用下由摩擦生电效应产生的电荷在两个复合薄膜接触面之间传递，从而在顶部和底部之间发生静电感应现象，产生电势差。如果在接触面上构造微结构表面，传感器的灵敏度将会得到大大的改善，从而使它们可以用于自供电压力传感器中[46]。

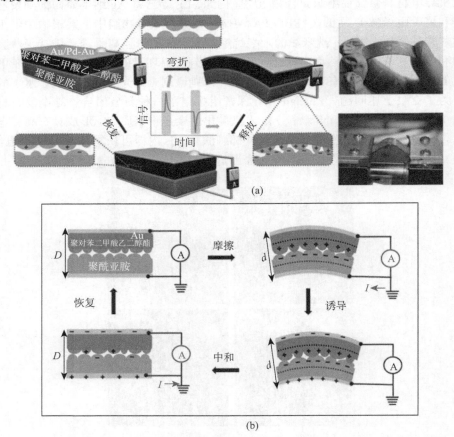

图 11.8　电子皮肤的自供电性能[47]

Lin 课题组报道了摩擦生电阵列传感器，用于自供电触觉成像中。摩擦生电传感器阵列，通过各个单元的输出电压等值线图来反映器件的压力。但是这种方法不适合制备大量的高分辨率阵列。基于单电极的摩擦电传感器为制备大量的高分辨率阵列提供了更合适的集成方法[47]。Yi 等通过在聚四氟乙烯（PTFE）薄膜下面构建铝电极阵列制备了摩擦生电传感器，揭示了自供电中电荷的运动轨迹，并提供了关于运动轨迹的信息以及移动速度和加速度等数据，结果表明以简易的方式大规模集成摩擦生电传感器是可行的[48]。Han 等也利用高分辨率阵列的集成制备了自供电传感器阵列。这些研究证明了摩擦电器件可在生活中应用，如自供电可穿戴电子设备、医疗监控和自供电电子皮肤系统[49]。

11.5　电子皮肤的应用

电子皮肤具有系统性，能够自成系统，可以模仿人体皮肤的功能，独立地测量或"感知"外界的变化或"刺激"，在机器人、人工义肢、人体健康监控等方面展现了良好的应用前景。以下介绍电子皮肤的具体应用。

11.5.1　体温传感

温度感知能力是人体皮肤另一个重要的功能，这有助于在身体和周围环境之间维持热平衡，可以评价人体生理特征的变化，如皮肤含水量、组织热导率、血流量状态和伤口修复过程。随着多功能电子皮肤的发展，一系列压力和温度敏感性的多功能晶体管阵列已经实现。Someya 课题组基于有机晶体管成功构建了压力和温度有源矩阵，同时读出压力和温度的分布，通过直接将压电晶体和压阻热电材料集成到作为栅极电介质和有机半导体沟道的晶体管中来实现这些功能[14]。Bao 等将 Ni 微粒填充于聚乙烯（PE）和聚环氧乙烷（PEO）二元聚合物复合材料，制备了柔性温度传感器，实验结果表明该传感器相比于其他类型传感器具有更高的灵敏度；同时与射频识别（RFID）标签结合可实现无线温度探测，并应用于体温探测，获得了良好的效果（图 11.9）[50]。

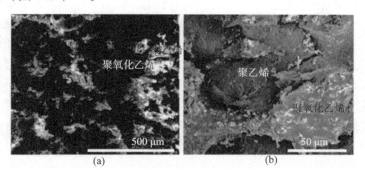

(a)　　　　　　　　　　　　　　　　　(b)

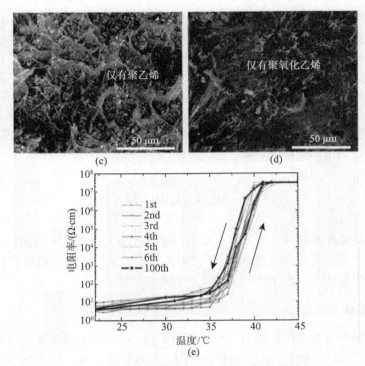

图 11.9　电子皮肤在温度传感上的应用[51]

11.5.2　体征监测

　　监护设备主要用于监测日常生活中人体的生理数据,同时及时地提供评估与反馈。沈群东等发明了一种小型、低成本的铁电高分子柔性传感器。铁电高分子材料是一种特殊的功能材料,具有永久的极性,能够感受到微弱的压力而发生极性的变化,极化时间在纳秒数量级,能够精确地区分主次级信号。传感器在脉压下借助薄膜自身的压电效应产生电信号,实现自供电驱动。借助半导体高分子层载流子传输能力的变化,该器件输出可读的电流信号,能耗也仅为微瓦级,用一粒扣式锂电池驱动预计可工作两年,与智能手机等相整合,非常适合于构建移动的健康检测平台,获得波形、波强、波速、节律等与心血管功能密切相关的参数;传感器也能追踪不同生理状态下(如健身和服药状态下)的脉搏波形变化,评估运动或血管扩张药的效果。该器件具有较好的柔性和生物相容性,可紧密地贴合在腕部、手指、足腕、颈部、额头的皮肤上,在弯曲状态下的响应不受影响,器件保持了较好的稳定性(图 11.10)[51]。

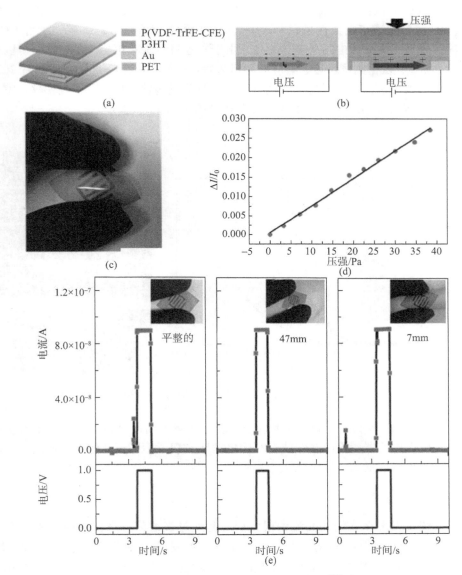

图 11.10 　电子皮肤在体征监测上的应用[52]

11.5.3 　运动监测

随着社会的发展进步，人们对运动监测的需求日趋增长，尤其是运动过程对腿以及胳膊的弯曲状态的监控，以免造成身体的不适，因此对传感器的拉伸性能以及灵敏度提出了更高的要求。而传统的基于金属和半导体的应力传感器不能胜任。所以，具备好的拉伸性和高灵敏度的柔性可穿戴电子传感器在运动监测领域至关重要。Kim 等报道了在柔性衬底上采用干纺方法制备了高度取向的碳纳米管（CNT）纤维，获得了高灵敏度的应变传感器。由于它独特结构和机构，该传感器可以拉伸超过 900%，保持高灵敏度、响应性和耐久性。此外，具有双轴取向的 CNT 纤维阵列的传感器显示出交叉敏感性，这有助于同时测量多轴的应变，在应变仪、单轴和多轴检测运动传感器中展示了良好的潜在应用（图 11.11）[52]。

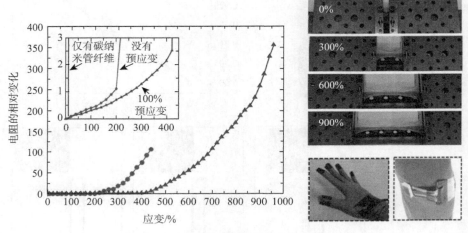

图 11.11   电子皮肤在运动监测上的应用[53]

此外，Park 等利用石墨烯纳米粒子以及聚乙烯醇溶液制备了一种基于石墨烯的压阻式应力传感器，通过器件结构的优化设计实现了不同幅度的运动监测，如喉部和胸部的小幅度振动，胳膊的大幅度运动 [53]。

11.5.4   表情识别

据统计发现在人们的交流中很大程度是通过表情信息来传递的，通过语言传递的信息只占约 7%。随着人机交互技术的快速发展，表情识别受到人们的青睐，需要传感器向微型化、智能化、网络化和多功能化的方向发展，即同时测量多个参数的高集成传感器。宋延林等突破传统印刷技术中模板和精度的局限，采用图案化硅柱阵列模板构建了规则曲线阵列（图 11.12（a）），蒸镀上金电极即可得到灵敏度高的电阻式应变传感器。该传感器可贴附在皮肤上，采用多通道分析进行数据采集与分析，实现表情识别（图 11.12（b）），如微笑、大笑、惊讶等八种主要的面部表情[54]。

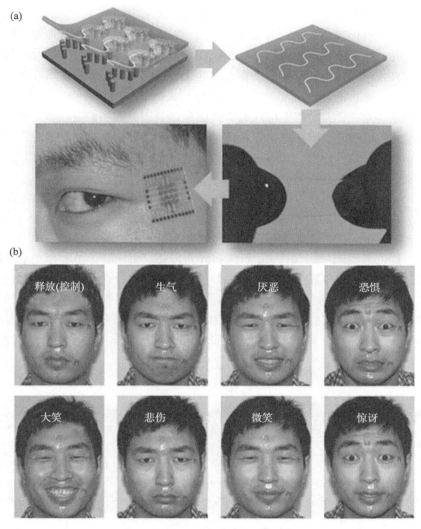

图 11.12　电子皮肤在表情识别上的应用

11.6　总结与展望

　　电子皮肤可应用于机器人、医疗健康和日常生活等领域,具有广泛的应用前景。例如,①机器人能够替代人工在恶劣环境下执行复杂任务;②柔性显示领域;③医疗健康-仿生假体、健康监测等。电子皮肤不仅要模拟人类皮肤的压力、温度、湿度、表面粗糙度等综合感知的多功能，而且还应具有高柔性、高弹性、高灵敏度、高分辨率、透明化和轻量化等多方面的特性。近年来，各种传感原理均已应用于电子皮肤研究，并得益于新的敏感材料、新的传感器结构和微结构以及纳米制造、3D打印等先进技术的出现，电子皮肤在柔弹性化、透明化、高灵敏度以及多功能等方面已取得了突破性的研究进展，接近或超越了人类皮肤的部分特性。

然而值得指出的是，电子皮肤的研究绝大部分还处在实验室阶段，并未真正投入社会应用。现有电子皮肤的功能特性与人类皮肤的综合感知还存在很大差距，其中所涉及的传感器和电路等原件在可拉伸性、空间分辨率、多功能集成以及大面积、低成本制备等方面仍然需要进一步努力，具体如下：

（1）从设计的角度来看，电子皮肤需要柔性电路来解决布线复杂性问题，因而皮肤的机械性能（如柔性以及拉伸性能）也很重要。

（2）不同的传感机制适用于不同的感知能力，因此在实际应用中需要系统集成多种功能的人类触觉感知器件，传感器阵列需要克服快速寻址和减小点阵间的串扰问题，实现多路同时检测。

（3）硬件方面已经得到不断完善，但是软件方面需要实现数字化，提供硬件与用户的通信。电子皮肤中的传感器产生的信号通常是模拟信号，需要将其转化为数字信号，用于软件处理。因此电子皮肤的未来发展仍然需要多学科的交叉。

参 考 文 献

[1] Kendall M, Rishworth S, Carter F, et al. Effects of relative humidity and ambient temperature on the ballistic delivery of micro-particles to excised porcine skin. J. Invest. Dermatol., 2004, 122: 739-746.

[2] Johnson K O, Yoshioka T, Vega-Bermudez F. Tactile functions of mechanoreceptive afferents innervating the hand. J. Neurophysiol., 2000, 17: 539-558.

[3] Johnson K O, Hsiao S S. Neural mechanisms of tactual form and texture perception. Annu. Rev. Rev. Neurosci., 1992, 15: 227-250.

[4] Srinivasan M A, Lamotte R H. Tactual discrimination of sofeness. J. Neurophysiol., 1995, 73: 88-101.

[5] Muller J V, Hess JC. Histoire Universelle. Bruxelles: Maine, Caus et compagnie, 1838.

[6] Srinivasan M A, Whitehouse J M, Lamotte R H. Tactile detection of slip- surface microgeometry and peripheral neural codes. J. Neurophysiol., 1990, 63: 1323-1332.

[7] Chortos A, Liu J, Bao Z. Pursuing prosthetic electronic skin. Nat.Mater., 2016, 15: 937-950.

[8] Lou Z, Chen S, Wang L, et al. Ultrasensitive and ultraflexible e-skins with dual functionalities for wearable electronics. Nano Energy, 2017, 38: 28-35.

[9] Suh K Y, Kim D H. Biomimetic approaches for engineered organ chips and skin electronics for in-vitro diagnostics. In Nanosystems in Engineering & Medicine, 2012, 8548: 31.

[10] Son D, Lee J, Qiao S, et al. Multifunctional wearable devices for diagnosis and therapy of

movement disorders. Nat. Nanotechnol., 2014, 9: 397-404.

[11] Chortos A, Bao Z N. Skin-inspired electronic devices. Mater. Today, 2014, 17: 321-331.

[12] Hammock M L, Chortos A, Tee B C K, et al. 25th anniversary article: the evolution of electronic skin（e-skin）: a brief history, design considerations, and recent progress. Adv. Mater., 2013, 25: 5997-6037.

[13] Wang X, Dong L, Zhang H, et al. Recent Progress in Electronic Skin. Adv. Sci., 2015, 2.

[14] Someya T, Kato Y, Sekitani T, et al. Conformable, flexible, large-area networks of pressure and thermal sensors with organic transistor active matrixes. P. Natl. Acad.Sci.USA 2005, 102: 12321-12325.

[15] Schwartz G, Tee B C K, Mei J, et al. Flexible polymer transistors with high pressure sensitivity for application in electronic skin and health monitoring. Nat. Commun., 2013, 4.

[16] Wang C, Hwang D, Yu Z, et al. User-interactive electronic skin for instantaneous pressure visualization. Nat. Mater., 2013, 12: 899-904.

[17] Gerratt A P, Michaud H O, Lacour S P. Elastomeric electronic skin for prosthetic tactile sensation. Adv. Funct. Mater., 2015, 25: 2287-2295.

[18] Hou C Y, Wang H Z, Zhang Q H, et al. Highly conductive, flexible, and compressible all-graphene passive electronic skin for sensing human touch. Adv. Mater., 2014, 26: 5018-5024.

[19] Kim D H, Lu N, Ma R, et al. Epidermal electronics. Science, 2011, 333: 838-843.

[20] Wang L F, Ji Q, Glass T E, et al. Synthesis and characterization of organosiloxane modified segmented polyether polyurethanes. Polymer, 2000, 41: 5083-5093.

[21] Sun Y, Rogers J A. Structural forms of single crystal semiconductor nanoribbons for high-performance stretchable electronics. J.Mater.Chem., 2007, 17: 832-840.

[22] Mata A, Fleischman A J, Roy S. Characterization of polydimethylsiloxane（PDMS）properties for biomedical micro/nanosystems. Biomed. Microdevices, 2005, 7: 281-293.

[23] Hu L, Pasta M, La Mantia F, et al. Stretchable, porous, and conductive energy textiles. Nano Lett., 2010, 10: 708-714.

[24] Park M, Im J, Shin M, et al. Highly stretchable electric circuits from a composite material of silver nanoparticles and elastomeric fibres. Nat. Nanotechnol., 2012, 7: 803-809.

[25] Yao S S, Zhu Y. Wearable multifunctional sensors using printed stretchable conductors made of silver nanowires. Nanoscale, 2014, 6: 2345-2352.

[26] Yilmazoglu O, Popp A, Pavlidis D, et al. Vertically aligned multiwalled carbon nanotubes for pressure, tactile and vibration sensing. Nanotechnology, 2012, 23.

[27] Kanoun O, Muller C, Benchirouf A, et al. Flexible Carbon Nanotube Films for High Performance Strain Sensors. Sensors 2014, 14, 10042-10071.

[28] Wu W Z, Wen X N, Wang Z L. Taxel-addressable matrix of vertical-nanowire piezotronic transistors for active and adaptive tactile imaging. Science, 2013, 340: 952-957.

[29] Sekitani T, Yokota T, Zschieschang U, et al. Organic nonvolatile memory transistors for flexible sensor arrays. Science, 2009, 326: 1516-1519.

[30] Baker W J, Ambal K, Waters D P, et al. Robust absolute magnetometry with organic thin-film devices. Nat. Commun., 2012, 3.

[31] Lv X, Weng J. Ternary composite of hemin, gold nanoparticles and graphene for highly efficient

decomposition of hydrogen peroxide. Sci. Rep., 2013, 3.

[32] Yao H B, Ge J, Wang C F, et al. A flexible and highly pressure-sensitive graphene-polyurethane sponge based on fractured microstructure design. Adv. Mater., 2013, 25: 6692-6698.

[33] Chae S H, Yu W J, Bae J J, et al. Transferred wrinkled Al_2O_3 for highly stretchable and transparent graphene-carbon nanotube transistors. Nat. Mater., 2013, 12: 403-409.

[34] Wang X D, Zhang H L, Yu R M, et al. Dynamic pressure mapping of personalized handwriting by a flexible sensor matrix based on the mechanoluminescence process. Adv. Mater., 2015, 27: 2324-2331.

[35] McQuade D T, Pullen A E, Swager T M. Conjugated polymer-based chemical sensors. Chem. Rev., 2000, 100: 2537-2574.

[36] Heinze J, Frontana-Uribe B A, Ludwigs S. Electrochemistry of conducting polymers-persistent models and new concepts. Chem. Rev., 2010, 110: 4724-4771.

[37] Choong C L, Shim M B, Lee B S, et al. Highly stretchable resistive pressure sensors using a conductive elastomeric composite on a micropyramid array. Adv. Mater., 2014, 26: 3451-3458.

[38] Yumusak C, Singh T B, Sariciftci N S, et al. Bio-organic field effect transistors based on crosslinked deoxyribonucleic acid （DNA） gate dielectric. Appl. Phys. Lett., 2009, 95.

[39] Irimia-Vladu M, Glowacki E D, Troshin P A, et al. Indigo - a natural pigment for high performance ambipolar organic field effect transistors and circuits. Adv. Mater.,2012, 24: 375-383.

[40] Bettinger C J, Bao Z. Organic thin-film transistors fabricated on resorbable biomaterial substrates. Adv. Mater., 2010, 22: 651-655.

[41] Odom S A, Caruso M M, Finke A D, et al. Restoration of conductivity with TTF-TCNQ charge-transfer salts. Adv. Funct. Mater., 2010, 20: 1721-1727.

[42] Blaiszik B J, Kramer S L B, Grady M E, et al. Autonomic restoration of electrical conductivity. Adv. Mater., 2012, 24: 398-403.

[43] Tee B C K, Wang C, Allen R, et al. An electrically and mechanically self-healing composite with pressure- and flexion-sensitive properties for electronic skin applications. Nat.Nanotechnol., 2012, 7: 825-832.

[44] Williams K A, Boydston A J, Bielawski C W. Towards electrically conductive, self-healing materials. J. Roy. Soc. Inter., 2007, 4: 359-362.

[45] Li Y, Chen S, Wu M, et al. Polyelectrolyte multilayers impart healability to highly electrically conductive films. Adv. Mater., 2012, 24: 4578-4582.

[46] Fan F R, Tian Z Q, Wang Z L. Flexible triboelectric generator! Nano Energy, 2012, 1: 328-334.

[47] Lin L, Xie Y N, Wang S H, et al. Triboelectric active sensor array for self-powered static and dynamic pressure detection and tactile imaging. ACS Nano, 2013, 7: 8266-8274.

[48] Yi F, Lin L, Niu S M, et al. Self-powered trajectory, velocity, and acceleration tracking of a moving object/body using a triboelectric sensor. Adv. Funct. Mater., 2014, 24: 7488-7494.

[49] Han C B, Zhang C, Li X H, et al. Self-powered velocity and trajectory tracking sensor array made of planar triboelectric nanogenerator pixels. Nano Energy, 2014, 9: 325-333.

[50] Jeon J, Lee H B R, Bao Z. Flexible wireless temperature sensors based on ni microparticle-filled binary polymer composites. Adv. Mater., 2013, 25: 850-855.

[51] Han X, Chen X, Tang X, et al. Flexible polymer transducers for dynamic recognizing

physiological signals. Adv. Funct. Mater., 2016, 26: 3640-3648.

[52] Ryu S, Lee P, Chou J B, et al. Extremely elastic wearable carbon nanotube fiber strain sensor for monitoring of human motion. ACS Nano, 2015, 9: 5929-5936.

[53] Park J J, Hyun W J, Mun S C, et al. Highly stretchable and wearable graphene strain sensors with controllable sensitivity for human motion monitoring. ACS Appl.d Mater. & Inter., 2015, 7: 6317-6324.

[54] Su M, Li F Y, Chen S R, et al. Nanoparticle based curve arrays for multirecognition flexible electronics. Adv. Mater., 2016, 28: 1369-1374.

索　引